吸引自己的奇迹

卢熠翎 著

湖南文艺出版社
HUNAN LITERATURE AND ART PUBLISHING HOUSE

博集天卷
CS-BOOKY

· 长沙 ·

图书在版编目（CIP）数据

吸引自己的奇迹 / 卢熠翎著 . -- 长沙：湖南文艺出版社，2025.2. -- ISBN 978-7-5726-2231-1

I. B84

中国国家版本馆 CIP 数据核字第 2025G95M12 号

上架建议：心灵成长·励志

XIYIN ZIJI DE QIJI
吸引自己的奇迹

著　　者：卢熠翎
出 版 人：陈新文
责任编辑：匡杨乐
监　　制：邢越超
策划编辑：李彩萍
特约编辑：周冬霞
营销支持：周　茜
封面设计：主语设计
版式设计：李　洁
内文排版：百朗文化
出　　版：湖南文艺出版社
　　　　　（长沙市雨花区东二环一段 508 号　邮编：410014）
网　　址：www.hnwy.net
印　　刷：三河市中晟雅豪印务有限公司
经　　销：新华书店
开　　本：875 mm × 1230 mm　1/32
字　　数：157 千字
印　　张：6.25
版　　次：2025 年 2 月第 1 版
印　　次：2025 年 2 月第 1 次印刷
书　　号：ISBN 978-7-5726-2231-1
定　　价：52.00 元

若有质量问题，请致电质量监督电话：010-59096394
团购电话：010-59320018

前　言

很多人都听说过吸引力法则，但是真正能够知道吸引力法则的精髓，或者说真正能够运用好吸引力法则的人并不多。市面上现存的讲解和出版物对吸引力法则的理解，都过于偏颇和狭窄。

有的畅销书虽然讲解了吸引力法则的部分内容，并且附上了很多的例子和见证，但是当事人实际使用吸引力法则时，会发现可能只在一些小事情上好用，当内在真正有些大的目标时，则感觉不太好用，甚至会产生很多负面情绪，如烦躁、怀疑等。因此，有人彻底排斥吸引力法则，走入相反的极端。

很多年前，我刚接触吸引力法则时，也跟很多人一样，认为"吸引力法则"是不可能发生的，因为看上去不科学、不唯物。但后来我静下心来去研究它，并逐渐去摸索它、运用它，发现吸引力法则的确有作用，并且有很多市面上的畅销书所没有讲解到的、背后隐藏的、很少被公开的心法。

当我们使用吸引力法则设定目标的时候，越渴望实现一个目标，我们的内心产生的与之相应的渴求就会越大，这种渴求背后蕴藏的是巨大的匮乏感，也就是我们认为我们现在不快乐，除非实现这个目标。因此，渴求越大，想要吸引的目标越大，内在的匮乏感越大——吸引力法则就失效了。

那么有没有一个方法，既能够运用吸引力法则实现目标，又能够规避巨大的渴求所带来的反噬效果呢？通过对很多不同学科的方法与技巧进行研究并应用，我发现，吸引力法则的精髓其实非常朴素、纯粹——当我们与所愿事物同频时，就一定会吸引它的"到来"。但是这个吸引和某些书上所说的吸引又有很大的区别。

随着学习吸引力法则的程度不断加深，我意识到，要从最初的刻意吸引的初级阶段，慢慢过渡到更高级的阶段。

其实无须刻意，我们每天都会运用到吸引力法则。只不过这时候的吸引力法则已经变成了一种习惯，我们随时都在通过调整自己的意念、情绪、能量和想象，来调整自己的状态，创造出与之相匹配的人生。

通过多年的学习、研究和实践，我整理并总结出了不同流派吸引力法则的关联和差异，哪些流派的方法更好用、更有效，并对吸引力法则的步骤进行了重新排列，让其变得更加简单、明晰，易于理解和操作。为此，我撰写了本书，对吸引力法则进行了详细的阐述。希望阅读者通过阅读本书，能真正体验到吸引力法则的妙处，这，也是本书的缘起。

下面，我们将一起度过一段很难忘、很有趣、很奇特的时光。我相信，这本书一定会给你带来不可思议的人生转变和体验，创造出你内心渴望的那些奇迹。

目录
Contents

第一部分

认识吸引力法则

吸引 自己 的 奇迹

什么是吸引力法则？

杰克·坎菲尔德对自己一年 8000 美元的收入很不满意，于是他对自己说："我想在一年内赚 10 万美元。"这个收入目标看起来很离谱，因为它比当前收入提高了 10 多倍。

杰克·坎菲尔德每天闭上眼睛，想象看见自己的目标达成，自己可以轻轻松松一年赚到 10 万美元。他甚至把一张钞票涂写成大大的"10 万"贴在天花板上。每天早上醒来，他第一眼看到的就是这张改过的 10 万美元钞票。这张钞票会提醒他：这就是我的目标——一年获得 10 万美元的收入。

一天天过去了，看上去并没有什么实质性的进展，也没有财富从天上掉下来，但杰克·坎菲尔德就这么继续坚持着。

大约一个月以后，他突然冒出来一个赚钱的灵感，他觉得付诸行动就能够赚到 10 万美元了。在灵感的指引下，很快他的计划得以实施，他的著作、出版商纷至沓来，那一年，他赚到了92 327 美元，与 10 万美元目标相差无几。

这，就是著名心理学导师、作家杰克·坎菲尔德第一次使用吸引力法则的结果。

吸引力法则概括来说，就是同频共振、同质相吸。

我们的思维、情绪以及行动共同作用之后会产生一种能量，这种能量会吸引和它相同性质的人、事、物来到我们的生活中，也就是所谓的"意之所在，能量随来"。

如果你希望人生中有好事发生，你大可不必坐着等待，你可以通过具体的方法促进它的到来，只要你清晰地知道你想要的是什么。

需要注意的是，吸引力法则与你本身的频率和质性正相关。也就是说，积极的能量会吸引积极的事物，消极的能量会吸引消极的事物。

在一档音乐节目中，一名歌手唱毕，大家纷纷表达自己的看法。其中，歌手陈粒谈到了"避谶"这个词。

她说，她曾经观看了一场很优秀的演出，由于心情非常激动，她在朋友圈发布了"今天我又'去世'了""好听'死'我了"之类的话语。诗人西川老师看到了，对陈粒说："你不能这个样子说话，陈粒，你讲话要避谶。"然后陈粒就去网上搜索了"谶"的释义，意为相信预言会实现的意愿。

这就是典型的吸引力法则中的同频共振、同质相吸，消极的言语会带来消极的事物。尤其在生死大事上，更不能掉以轻心。

有的人曾经有这样的时刻：你觉得好像有什么糟糕的事情要发生，说不出什么原因，但你的直觉告诉你肯定会发生，然后事情真的就"如你所愿"发生了。

这也是吸引力法则的体现。

有的人喜欢发牢骚，经常抱怨，哭穷，对别人倾诉自家的鸡飞狗跳、龌龊不堪，在这种情况下，他会被一些小人钻空子、利用、陷害。小人觉得他笨，没有后台，就会肆无忌惮地欺负他。

当事人自己是不自知的，只是莫名觉得自己很衰，一堆糟糕的事情都落在他头上，殊不知，这也是吸引力法则的体现。

吸引力法则的前世今生

现在看来，吸引力法则的运作原理很简单，很好理解，但它发展到今日的成熟理论，却经历了长期的传承、演变。

早在 1906 年，心理学家阿特金森在其著作《思维波动或思维世界的吸引力法则》中，强调了思想的力量及其对现实的影响。他认为，通过专注和集中思维，人们可以改变自身状况，吸引所需的事物。例如，他说道："思想是一种力量——能量的一种表征，具有一种磁性，就像吸引力。"阿特金森强调，思想具有振动特性，能够吸引相似的能量或事物。因此，积极和专注的思维可以带来积极的结果。我们从中可以得到这个结论：通过我们的思维，通过思维的聚焦，其实可以去改变一些东西，吸引一些东西。

1907 年，麦克莱兰出版了《想象力带来富有》。

1926 年，霍姆斯出版了《心灵科学的基本思想》。

1939 年，霍利维尔博士发布了《让吸引力法则伴随工作》。

但真正让吸引力法则慢慢成熟，不得不提起两个人，那就是希克斯夫妇——杰里·希克斯和他的妻子埃丝特·希克斯。他们出版了很多关于吸引力法则的书，包括《亚伯拉罕的教义》《有求必应：22 个吸引力法则》《这才是吸引力法则》《财富吸引力法则》《莎拉："所罗门"指导她飞翔》《吸引力旋涡》《莎拉和塞斯奇遇记》《专注意念的惊人力量》《情绪的惊人力量》等等，书中包含了大量关于吸引力法则的信息和资料。

到了 2006 年，制作人和作家朗达·拜恩的同名电影《秘密》上映，以及同名书籍《秘密》出版发行，并在市场上畅销一时，吸引力法则的概念很快风靡全球。

有关吸引力法则的书籍并非少数。

比如，《秘密》这本书的导师之一杰克·坎菲尔德，也就是本书最开始讲述的故事的主人公，他也写过一本关于吸引力法则的书，书名就叫《吸引力法则》。

美国作家琳·葛雷朋出版了一本关于吸引力法则的书，书名是《把好运吸过来》。

《遇见心想事成的自己》《召唤奇迹的幸福说话术》是美国作家佛罗伦斯·希恩撰写的两本关于吸引力法则的书。

华语世界深具影响力的个人成长作家张德芬老师撰写了一本关于吸引力法则的书，即《遇见心想事成的自己》，这本书与希恩的一本书重名。这两本书讲的都是吸引力法则，不过张德芬老师的书写得更加直接，而且加进了很多特殊的、很有效力的强化内容。

其他关于吸引力法则的书，你还可以参考和阅读的有：萨娜娅·罗曼的《创造金钱》、查尔斯·F.哈奈尔的《世界上最神奇的 24 堂课》、克劳德·布里斯托的《信念的魔力》、贝波儿·摩尔的《向宇宙下订单》、拉里·克兰的《丰盛之书》、麦可 J.罗西尔的《吸引力法则：心想事成的黄金三步骤》、韦恩·戴尔的《心想事成的九大心灵法则》、哈维·艾克的《有钱人和你想的不一样》、麦克·罗奇格西的《业力管理：善用业力法则，创造富足人生》、植西聪的《墨菲心想事成法则》等等。

之所以要讲这些书，是因为这些书的作者都是以自己的角度去讲述吸引力法则，以及他们如何实践，如何把生命中想要的美好事物、期待的愿望吸引到他们自己的生活中来。想要找一本绝对权威的书不一定能找得到，但是如果你想要了解吸引力法则，想要去看一看各个流派所提及的理论知识，阅读这些书是很有必要的。

比如张德芬老师写过的最著名的身心灵三部曲——《遇见未知的自己》《活出全新的自己》《遇见心想事成的自己》，这三本书是按照唤醒、疗愈、创造三个阶段来写的。吸引力法则在张德芬老师的图书中，在"唤醒、疗愈、创造"的体系中，属于"创造"板块。

吸引力法则的五大类流派

关于吸引力法则，每本书讲的方法都不一样，有的甚至有所冲突。所以我们可以将有关吸引力法则的书籍归归类，分分流派，以便在今后的学习中能回溯源头，知道自己运用的是哪一类的原则、技术、方法。

第一类：情绪、信念类。

这一类强调的是专注和聚焦。当我们把所有的专注力只放在我们的信念上和情绪上时，就会有相应的好事情发生。这一类方法的关键就是你有多强烈的渴望、多强烈的专注。

比如希克斯夫妇的《专注意念的惊人力量》《情绪的惊人力量》，布里斯托的《信念的魔力》，科利尔的《神奇的秘密：利用吸引力法则获取宇宙力量之源》，都是这一流派。

这个流派强调的是正向、专注、聚焦，专注自己每天的念头、发心、情绪。

第二类：吸引力法则类。

也就是《秘密》这本书所讲的，吸引力法则有明确的三步骤：要求、相信、接收。

在不同的流派里面，三步骤有所不同，但基本类似。如果是按照这三步骤来阐述的，我们认为它是传统的吸引力法则流派，而不是情绪、信念流派，因为它比第一类情绪、信念类更加明确地提出了操作方法。

比如朗达·拜恩的《秘密》，麦可J.罗西尔的《吸引力法则：心想事成的黄金三步骤》，坎菲尔德的《吸引力法则》，希克斯夫妇的《有求必应：22个吸引力法则》《这才是吸引力法则》。

第三类：释放法清理类。

释放法清理类这个流派，讲究的是如果我们要去吸引、获得一些东西，我们最需要做的是清理，当清理了以后，我们相信那些好的东西能够来到我们身边。

比如乔·维泰利和修·蓝博士合著的《零极限》、莱斯特创立的圣多纳释放法、莱斯特的徒弟拉里·克兰的《丰盛之书》，都是通过这个流派来获得成功，实现奇迹的。

第四类：臣服随顺类。

跟前面的吸引力法则类、释放法清理类最大的区别就是，这一流派没有特定的目标。

比如像《臣服实验》的作者迈克·A.辛格所做的臣服实验——臣服于整个命运，他并不刻意做任何努力，不刻意设立任何目标，他让自己臣服于整个命运的河流当中。他要比采用释放法清理类的人更加谦卑，或者更加放空，但同时他也可以获得很大的成就。

第五类：种子法则类。

种子法则类与吸引力法则类最大的不同是，在空性中种下业力的种子。它强调的是你想要获得什么，你必须先要给出什么，通过给予，通过种下业力的种子来收获。

比如麦克·罗奇格西的《能断金刚：超凡的经营智慧》《业力管理：善用业力法则，创造富足人生》等都属于这一流派。

如何有效学习吸引力法则

学习吸引力法则重在实践，绝对不是光看理论就可以生效的，必须一步步进行操作实践才行。

作为读者，你需要以怎样的心态去学习吸引力法则呢？

第一，最重要的心态就是相信。

因为我们实践的是一个我们没办法完全看得见、摸得着的法则，我们运用的是之前并不熟悉的心性，是我们的专注、心灵的力量，所以我们首要的学习心态就是相信。我们要相信宇宙中有更大的力量，我们要相信除了自己之外还有一些未知的事物，我们想要去探索、想要去信任、想要去了解，我们要相信看上去不可能的奇迹，其实都会发生在我们的生活里。

我们必须保持对未知的可能性的相信，这样才能打开自己潜意识的大门。

只是很多人无法相信精神思维可以和物质世界相关。大多数人觉得物质世界比较真实，我们的意识比较虚无，仿佛我们的精神就是由一堆碳水化合物所碰撞出的脑电波，而这些脑部的波动是我们内在独立的，和这个世界无关的。关于这些，我们慢慢来讲。

第二，我们需要去做的是体证。

我们需要不断地去测试、去练习、去领悟。无论理论多充实、多丰满，技术方法总结得多么清晰，我们都要勤加练习。只有通过练习，才会发现每个人使用那些技巧的独特心得体会，才会发现同样的方法以不同的形式来配合每一个个体的不同需要。

通过练习，你可以看到自己卡在哪个地方，是卡在限制性信念里——觉得自己不可能、做不到；还是卡在情绪的黑洞里——有很多情绪无法控制，每次都被情绪卷走；又或者卡在原生家庭里——有个很强的动力想让自己去追随父亲或母亲。有的时候，你会发现自己很擅长吸引某些事情；有的时候，你会发现你预测坏的事情发生特别灵；有的时候，你的直觉感受到某些好的事情发生会很灵。除非通过大量的练习和反思，否则你是不会摸索到这些体悟的。

第三，心态需要持续地投入。

练习吸引力法则其实不仅是实践理论、方法的过程，同时也是一个改变自己的过程。经过系统学习之后，你会发现你不光实现了很多奇迹，得到了很多渴望的东西，吸引了想要的财富、亲密关系等等，而且你对内在的领悟也提高了，对自己内在心性的理解也扩展了。

吸引力法则的现实意义

第一，它可以促进我们心想事成。

你越了解吸引力法则，你就会越想要用心引导自己的思维，因为你明白，无论你要不要，你心里想什么就会得到什么。

当我们把思维投注在某样事物上时，我们就会把同频的事物吸引到我们的体验当中来，也就是说，你可以通过各种尝试，把金钱、成功、快乐吸引到你的生活当中来。

第二，它可以让我们达到对内在更深的理解和心灵力量的醒觉。

我们会更多了解自己的起心动念，我们会学会如何运用自己的情绪力量、心灵力量，而不是被情绪的黑洞卷走。

第三，通过学习如何运用自己的意志和能量，我们会了解到自己的内在和外在世界到底是怎样的互动关系。

总之，学习吸引力法则，更能让我们成为生命的主人，而不是一个无能为力的抱怨者。

我们总是希望自己的一生幸福美满，我们想要财富、地位、健康，想要亲情、友情、爱情都长久，这倒也并不是奢望，吸引力法则可以帮助我们一一实现。

当人生有了吸引力法则，我们就不再是一个被动的等待者，而是一个积极主动创造自己未来的开拓者，把我们想要的美好全部吸引到我们的生命里。

其实，吸引力法则是一个客观存在的通用法则，即便你还没有认知学习到它，它都无时无刻不在你的生活中起作用。

因为我们每个人每时每刻都会处在某种状态、某种能量下，会下意识地运用某种思维调动自己的情绪。而这种情绪、这种思维、这种能量、这种状态，决定了我们会吸引怎样的事物到我们身边。

也就是说，无论你是否知晓吸引力法则的存在，是否会使用吸引力法则，你的人生都处于一种主动的或者被动的吸引当中。

一个小姑娘去应聘行政的工作，面试了好几家公司都屡面不中，几个月下来，存款马上要花光，小姑娘非常焦虑。又一次面试失败后，小姑娘实在忍不住，当场问 HR 自己的问题到底在哪儿。

HR 回答说，感觉小姑娘面色凝重，面试过程中太严肃，哪怕 HR 刻意缓解气氛，她也松懈不下来。行政工作与同事打交道的时间很多，太刻板不利于人际沟通。在问及对公司有什么问题、对面试有什么看法时，小姑娘说的也是"都行""没什么意见"，感觉对面试结果不是很在意，不太积极热情。所以在业务能力都差不多的情况下，公司 HR 相中了另一个开朗一些的女孩。

过了半个月，HR 接到了小姑娘的电话，说她面试上了一家公司。这次，她记得一直面带微笑，礼貌又积极地回答问题或者提问，走的时候还握手道别，轻轻掩门。打来电话是非常感谢 HR 的诚恳建议，让她意识到了自己的问题所在。

对吸引力法则有所认知的意义，就在于会在这种情况下，下意识地调整，从消极负面跳到积极正面，吸引美好的人、事、物，改善我们的人生。

功 课

关于你自己的定向

1 你为什么翻开这本书？你最想通过这本书收获什么？

2 你相信吸引力法则吗？你愿意相信吗？你会以怎样的心态投入吸引力法则的学习中？

3 在你的生命、生活、工作中，你最想创造的是什么？

☾• 吸引力法则的运作原理

吸引力法则能够运作成功，是有科学的依据和原理的。

精神能够影响物质世界吗？举两个例子吧。

● 一个改写了世界观的实验：双缝干涉实验

这个实验是托马斯·杨在 220 多年前，也就是 1802 年首次用光子完成的，他的实验有时被称为"杨氏实验"或"杨氏狭缝实验"。

实验的对象后来扩展到原子和分子。这个实验可以用比电子和光子大得多的实体来完成，尽管随着尺寸的增加会变得更加困难。进行双缝实验的最大实体是每个包含 810 个原子的分子（其总质量超过 10 000 个原子质量单位）。

如果光子严格地由普通粒子或经典粒子组成，这些粒子通过狭缝以直线发射，照射到另一侧的屏幕上，会看到与狭缝的大小和形状相对应的图案。

然而，当实际进行这个"单缝实验"时，屏幕上的图案是光扩散的衍射图案。

如果照亮两个平行的狭缝，来自两个狭缝的光会再次干涉。

这里的干涉是一个更明显的模式，有一系列交替的亮带和暗带。

如果把探测器放置在每个狭缝之前进行观测，干涉图样就会消失。

这就引起了麻烦，观察变成了不是物体所拥有的任何绝对性质，而是由观察者（测量装置）和被观察物体之间的相互作用产生的。观察者－粒子（光子－电子）的相互作用包括关于电子位置的信息。这部分限制了粒子在屏幕上的最终位置。

由这个实验开始，我们坚固已久的客观世界和主观世界泾渭分明的分立模型产生了动摇。精神和物质有了交界面，不存在一个外在不动的客观世界了。

物理学家大卫·多伊奇在其著作《现实的结构》中认为，双缝实验是平行世界解释的证据。

● 薛定谔的《生命是什么？》

奥地利物理学家，量子力学的奠基人之一，1933 年诺贝尔物理学奖获得者薛定谔在他撰写的《生命是什么？》一书中，也提出了超越普通物理架构、探究意识和物质本质的四个问题。

1. 存在一个自我吗？

2. 存在一个自我之外的世界吗？

3. 身体死亡后自我会消失吗？

4. 身体死亡后自我之外的世界会消失吗？

薛定谔对于世界架构的核心看法极其激进，这个诺贝尔物理学奖获得者的观点估计放在今天也难以被大多数人接纳。薛定谔博士认为：

人类只能意识到意识中的世界，真实的物质世界是否存在对于我们意识中的世界并无影响。根据奥卡姆剃刀准则，即"如无必要，勿增实体"，这个真实的世界大致是不存在的。

我们无法建立真实的物质世界和意识中的世界的联系，因为我们根本无法观察真实的物质世界。我们唯一能意识到的世界就是意识中的世界。

结论：真实的物质世界并不存在，只存在一个我们意识中的世界。万物都是同一存在的不同方面。

看上去薛定谔深受印度吠檀多派哲学精髓的影响。

薛定谔指出构成科学方法的基础的一个重要原则是客观性原则。但是，人们没有意识到，在对该原则进行严格表述的同时，我们却将认知主体本身排除在被设法理解的对象之外。所有的客观、所有的实践、所有的独立，必须有一个主观的主体进行验证和观测。

其实就是所有的科学测量都需要主观测量的介入，不存在绝对的、没有观测者存在的最终观测。也就是科学不是绝对的，总是会融入主观意识。

因此，薛定谔给出的惊世骇俗的推论是：看上去存在两个东西，一个是意识自我，另一个是意识自我之外的世界。但是这个意识之外的世界，也是由我们的经验元素构成的。所以不管在任何情况下，我们称之为世界的东西都只是自我之内的一个复合体。

我们从上述表述中能够得出哪些和我们的生活相关联的结论呢？

即我们低估了自己的意识力量，我们的意识极其深刻地和这个物质世界缠绕在一起！

19 世纪的一位思想家说过："你的每个思想都是真实存在的东西——它是一种力量。"也就是说，我们头脑里闪过的想法、念头是一种能量，会催化出某些外在事件。

量子力学通过对物质世界进行微观研究，发现分子、原子、质子里可能是夸克、胶子。继续往下拆分可能是什么呢？可能并不是某种固定形态的粒子，而是一个振动的弦，亦即一个振动的能量。我们看得见、摸得着的所有实物——一个茶杯、一张桌子、一台电脑、一辆汽车、一个人，从表面上看，是有物质属性的，是有质量、有形态的一个实质的物体，但如果不断往下拆分，你会发现拆到最后它只是一种振动的能量而已。我们看见的光、听见的声音、触动的水波，拆分到最后也同样是能量。

可以说，一切我们所知的物质，拆分到最后，都只是振动的能量而已。

那么，看不见、摸不到的思维、意念、想法又是什么呢？它也能拆分出振动的能量吗？

本质上说，是这样的。

思维、意念、想法等，虽然跟实物不同，但也都只是一种脑电波，可以被监测到，只是波动的一种方式而已。把它拆分到最后的那一层，也只是一种振动的能量。

所以可以认定，世界上的万事万物都是由能量组合而成的，包括你的思维、意念、想法。

当你理解了这些，你就会明白为什么我们的思想会对我们身外的世界、物质产生影响，进而使其发生变化。因为从本质上来讲，我们的思维、念头、情绪和构成物理世界的最基本的粒子都是一致的，那就是振动的频率，振动的能量。

念头和其他能量的不同之处是念头在能量的载波上叠加了信息的包络，也就是能量有了某种信息的表达。例如，喷泉是相对无序的能量表达，音乐喷泉则是有序的能量表达。这个有序，就是表达了相关的信息含义。

既然思想是一种能量，实质的物质（包括金钱）背后也是一种振动的能量，那么就可以理解吸引力法则所说的同频共振、同质相吸。

周一综合征是指在周一上班时，总会出现疲倦、头晕、胸闷、腹胀、食欲不振、周身酸痛、注意力不集中等现象。很多上班族都有这种情况。

某个周一早上起床后，小郑觉得身体各种不适，心情也非常不好，看什么都不顺眼，甚至想起来去年某个同事吃饭没有给她钱。

散发着颓废、烦躁、愤怒的气息，小郑刚走到门口就被邻居放在门外的垃圾绊了一跤，差点磕破脑袋。到公司大厦时，她又被急匆匆的行人泼了一身咖啡。人还没到办公位坐下，一天的躁郁值已经拉满。

其实，小郑一大早已经释放出了一种能量——如果用一台仪器观察小郑，可以发现，小郑已经用情绪的方式把这个能量振动释放出来了。

吸引力法则当然就会按部就班地起作用，根据同频共振、同质相吸的原理，吸引力法则给小郑带来更多类似的不爽体验。因为能够跟负面能量引起共振的，必然也是负面的东西。

反过来讲也是一样，想要吸引好的东西，就需要释放出好的能量。从量子的角度、能量的角度、振动频率的角度去理解，就会发现，吸引力法则其实是一个普遍适用的法则。

正如查尔斯·F.哈奈尔所言："精神力的振动是最细微的，因此，也是现存事物中最有力量的。"

精神力是我们可以控制的，这真是一个天大的好消息。

有很多自己就可以做的实验，当你去尝试的时候，你就会明白你的意识、你的情绪对这个世界是有影响的。比如，最简单的米饭实验。

米饭实验初级版

- 人的语言、心念、文字、声音等都存在着看不见的能量场，而水或其他物质都能接收并反映这种能量场的存在。
- 选择三个一样的、新的带盖子的玻璃罐，煮沸杀菌后，分别贴上代表爱、恨、忽视的标签。放入熟的冷米饭。
- 放在同等光照、温度、湿度的地方，隔离存放。
- 每天分别拿出不同的罐子：对着贴着"爱"字标签的罐子表达爱；对着贴着"恨"字标签的罐子表达恨；对贴着"忽视"标签的罐子置之不理，不去管它，作为参照组。
- 14 天后，对米饭的态度不同，结果也会不同。有可能是以下的结果或者是其他的可能：

1. 对着罐子表达爱意的，罐子里面的米饭会发酵，散发出香气。

2. 对着罐子表达恨意、用力骂的，罐子里面的米饭会变黑发臭。

3. 对罐子不理不睬的更糟糕，罐子甚至会流出脏水。

这里的要点是：

- 要专注、认真，保持相信地去实验。
- 爱恨的情绪要很鲜明，很强烈。每天每次表达 2 ～ 3 分钟就够了。
- 被不同对待的米饭会有不同的颜色和气味。
- 只要三个罐子中的米饭出现明显的差异，起码说明你的意念和情绪影响了它们。

其实类似的实验有很多，自己都可以去做，我们回家自己做实验，成功的概率在 80% 以上。我觉得我们不应该去抱有一种我的精神是无用的，桌椅板凳仿佛更科学的这种世界观。

我们应该努力去探索各种可能性，努力去实验自己的情绪和世界的关系。类似的实验网上有很多，比如对植物表达不同的情绪，植物的反应是不同的，好的情绪使植物更加鲜活，坏的情绪使之变得枯萎。

这些实验都是自己可以去尝试的，不断去尝试，不要轻易地去认定或者否定。

当你最终实验成功了，你会发现，我们内在的精神意识的确是有力量、有作用的，我们留意的每个起心动念，都有可能会对我们外在的世界造成影响。

很多时候我们感觉想要改变自己的未来却有心无力，但是现在你可以通过掌控自己的心性、思维，掌控自己的情绪和信念，让吸引力法则发生作用，进而让外部世界因为你的改变而改变。甚至可以这么说，我们可以运用吸引力法则去创造我们想要的一切，所以更要去留意我们的每个起心动念是如何对外部世界造成影响的。

"你现在所想的，就在创造你的未来。……种什么因，得什么果！你的思想就是种子，你收成的果，是依你播下的种子而定的。"——这段话很好地反映出吸引力法则是如何运作的。

我们的思想和精神、情绪状态不光是一种信息，也是某种程度上对世界的过滤，如同一副有色眼镜。

我们的内在状态会让我们产生对外在世界不同的解读，叔本华说，"世界是我的表象"，当我们内在的信念是匮乏的时，我们内在的输入输出系统会根据这个匮乏的信念，去筛选、去匹配、去拣选和这个信念相匹配的一切。

也就是同样是半杯水，乐观者会说杯里还有半杯水，悲观者会叹息杯里失去了半杯水。

因此看上去是什么吸引了我们，其实从某种角度来讲，是我们的内在筛选和创造的。

再举一个例子，当你买了一辆沃尔沃，你会发现整条街上到处都是这种车，仿佛也是一种吸引。

这是因为我们的大脑不会把这个世界输入的所有信息都交给我们去处理，因为信息量太大了。大脑只会有选择地去报告一些特殊的信息——我们相信的信息、我们警惕的信息、我们关心的信息。因此当我们内心有起心动念以后，仿佛我们就多设置了一个过滤网，我们在海量的信息当中输入了检索的词条，那么相关的内容就更加容易被实现。就如同一个秘书，不会把公司里发生的大大小小所有的事情都报告给老板，因为老板不一定关心，秘书只会报告老板最关心的重大事件。

　　当我们觉得赚钱很难的时候，我们会把所有容易赚钱的信息全部屏蔽，把那些认同赚钱很难很辛苦的信息留下来。当我们觉得别人会对我们不好的时候，我们会自动忽略或者否定和这个信念相反的信息，把那些别人对我们的冷嘲热讽和拒绝放大、强化，最终形成一种信念和外在世界关联的正向循环。

　　不过，不同的人使用吸引力法则，效果大不一样。有的人会心想事成，有的人却难以达成心愿，有的人甚至越担心什么越发生什么，这又是为什么呢？

　　我们都知道磁铁和铁。磁铁一直有磁性，可以吸引铁、钴、镍等多种金属。铁可以被吸引，但它一般是没有磁性的，不能吸引其他金属。但铁在某些情况下会产生磁性，比如我们按照某种方式不停地摩擦，它就会产生微弱的磁性，或者把铁放在某种电磁场的环境下，它就会变成有强大吸引力的电磁铁。

　　产生磁性的原因很简单：铁内部本身杂乱无章的磁极在外力（摩擦、电磁场等）的作用下，内在磁极就发生了定向的旋转、排列，进而使铁块产生了吸引力。

　　这吸引力的关键就是内部所有磁极的有序性，磁极越有序，越一致，对外显示的磁性就越大。

　　推物及人。你的吸引力法则不起作用或者收效甚微，是因为你内在的"磁极"排列是混乱的。你有一个"磁极"在说："我想要钱，我想要富有。"很多磁极却在说："我不配，我做不到，这不可能，宇宙怎么会关心我呢？我如果去表达这个愿望，别人会笑话我的！"你内在的"磁极"不光是混乱的，甚至是对立的，所以你没有办法吸引到想要的东西。

　　薛童在学习了吸引力法则以后，开始在日常生活中测试使用，比如晒个被子，他运用吸引力法则想要天晴，果然当天不下雨，出去玩的时候想要天气好，果然风和日丽。然而当他想把吸引力法则运用在一些很重要的事情上，比如事业、金钱、情侣关系上的时候，却往往不灵，薛童煞是苦恼。

经过咨询发现，薛童一方面想去挣很多钱，另一方面又觉得自己没什么能力，不可能挣到大钱。即便侥幸获得巨额财富，也觉得自己没有能力管理财富，甚至对掌握财富产生了些许恐慌心理，一会儿怕招来灾祸，一会儿怕朋友来借不好拒绝，更怕自己投资不当又失去巨额财富。

这说明他内心的阻抗非常大，内在非常混乱，那些不可能的声音太多太杂。如果能给薛童内心这块铁加上强大的电磁场，可以发现，它非但没有产生一致性的排列，反而各种磁极团团转，非常混乱。

所以，运用吸引力法则的关键就是训练你心性当中的一致性，让你的内在"磁极"能够朝向同一个方向。

因此我们需要去留意，什么才是真正的吸引？什么才是真正的念头？我们想要成功，这是一个念头，但是我们的潜意识里蕴藏了无数的对能实现的抗拒和怀疑，这些是念头吗？这些当然也是念头，只是它们是隐性的念头，它们每时每刻也在产生作用，也在发射它们的能量。

意识和潜意识的力量是悬殊的，意识每秒钟大概有 40 个神经脉冲，而潜意识每秒钟产生的神经脉冲远远超过意识，有的说法是 4000 万个。当我们的头脑说我想要成功，我想要有钱，这是显性的意识发出的念头。但是据现有的科学研究，潜意识每秒钟产生 4000 万个神经脉冲是不可能做到的，做梦吧，别自己骗自己了。

我们认为，我们是自己身心的主人，我们觉得我们可以掌控自己内在的一切，但其实并不是。很多时候我们想要睡得好，结果却失眠了；我们想要自己上台能轻松地演讲，结果在台上非常紧张；我们想要早一点赶到办公室，拼命地开车，结果就容易出车祸；我们想要控制未来的风险，结果变得更加焦虑。

在我们和自我的相处中，我们会发现，其实大多数时候我们是无法掌控自己的内在的，无法掌控自己的念头，无法清理自己的嗔恨，无法改变自己的怀疑。因此如果只是单纯地通过一个念头就能吸引来财富的话，仿佛也太简单、太容易了。这背后核心的秘密就是我们是否能够做到极致的单纯和纯粹，让我们的意识和潜意识合一。

正向吸引和负向吸引

正向吸引就是想什么来什么。我想要有人能帮助我，那个人就来了。我想要这个事情能成功，果然成功了。

负向吸引是怕什么来什么。有的人只要一想、一说，那些不好的念头就很灵，俗称"乌鸦嘴"。

正向吸引和负向吸引都是吸引力法则，都是你释放出能量的有效吸引，尽管吸引来的人、事、物大相径庭。

张张在一周之内糗事不断。先是担心许久的科目三真的挂了，然后在公司摸鱼打游戏被领导发现，并在部门群里被点名批评。周末下班挤地铁回家，把带给婆婆的一套护肤品弄丢了，本来就对张张不满的婆婆非说张张是不舍得买却骗她买了丢了。

张张忍不住又跟同事吐槽，说自己运气总是特别差。同事很淡然地说："你有没有觉得，不是因为你运气差，所以你抱怨，而是因为你爱抱怨，所以运气差？"

那些爱抱怨的人，其实具有很强的吸引力，因为他没有办法去控制自己的心性到正向，所以他正向的磁极别扭、不合，负向的磁极却出奇地一致，这就导致他负向的吸引非常得心应手。

张张回忆，自己年少时也有运气爆棚的时候。那时候张张报考了一所热门学校的热门专业，她的老师、同学、家长、朋友，几乎所有人，都觉得张张是在痴心妄想，只有张张自己，在近乎疯狂地学习之余，也近乎疯狂地坚信自己一定会考上，后来她就真的如愿以偿地考上了那所学校。

张张终于明白，心无旁骛地相信，是一种多么强大的力量。

当然，正向吸引也不是让你守株待兔，不劳而获，就像张张考学时，无意识地相信固然是正向吸引，但也是付出了艰苦的学习和努力的。

吸引力法则是让你把自己的磁极调整到最有序、吸引力最佳的状态，帮助你吸引好的人、事、物，并不是说可以神乎其神地什么也不做就天上掉馅饼。就好比磁铁，磁化得再好，你不让它跟外界接触，那它有再强的吸引力也是白搭。

吸引力法则不是魔法，它不过是帮助你的人生变得更加顺利、更加心想事成的一个工具、一门技术而已。

吸引力法则能起作用的原因是你真正改变了自己的内在心性，产生了强大的磁性。当你的内在非常充实、丰盛，这些能量就会去吸引外在的显化。

华大集团 CEO 尹烨也曾经说过一些意识如何改变基因表达的观点：

"发表在 *Frontiers in Immunology*（《免疫学前沿》）上的一篇综述揭示了这一现象背后的生物学机理，即正念练习通过干预基因表达来影响人体的神经、行为以及一些生化过程，从而达到调节身体机能的目的。

"免疫和炎症反应作为一种保护机制，是我们身体的第一道防线。而静态的冥想之所以能够降低与炎症相关的基因的活性，是因为转录因子 NF-κB 的活性下调。NF-κB 几乎参与所有细胞的应激反应，在应对感染中起关键作用，其功能异常与癌症、炎症以及自身免疫疾病等相关。

"2013 年《心理神经内分泌学》杂志发表了一份对照有精神错乱家庭成员的正常人的研究。经过 8 周的瑜伽冥想练习，23 名受试者外周血单个核细胞（PBMC）有 49 个基因表达下调，19 个基因表达上调。下调的基因包括和 NF-κB 相关的促炎症基因，上调的基因包括抗病毒基因 IRF-1。这一研究结果显示，瑜伽冥想可以强化免疫系统的功能：主要表现是降低炎症反应和增强对抗病毒的防御力。

"心理学上，当你的内在意向发生改变时，你才有可能去改变你的外显行为，你的生活、工作和整个世界才有可能因此而发生改变，而冥想、瑜伽、太极和气功这些意向活动在一个个的科学实验中被发现改变了基因的表达。正如美国哲学家和心理学家威廉·詹姆斯所说：'If you can change your mind, you can change your life.（如果你能改变你的想法，你就能改变你的生活。）'"

所以，不要小看自己的内在潜能，"善护念"！

功 课

回顾自己的情绪能量和状态

① 观察你最近的遭遇、状态、情绪，遇到的都是什么能量的人、事，大多是好的还是坏的？

② 相似的能量吸引相似的东西，如果你感到兴奋、热情、快乐，说明你发射的是正面的能量。相反，如果你感到烦躁、焦虑、有压力、愤怒、悲伤，说明你发射的是负面的能量。

③ 觉察到一点——外界没有问题，都是你现在的状态创造的环境，并不是环境左右了你的心情，而是你的能量吸引了一切的发生。

吸引力法则三定律

定律是让吸引力法则能够生效的一些规则。传统的吸引力法则有三条基本的定律：吸引定律、相信定律（不同流派名称不同，也被称作"意念创造的定律"或者"用心创造的定律"）、允许接收的定律。

吸引定律

吸引定律认为，我们是自己的创造者。

吸引有三类：无意识地吸引、有意识地被迫吸引和有意识地吸引。

无意识地吸引是指根本不知道、没有觉察到自己在吸引，以为生活本来就是这个样子的。

有个同学很想要找到一个好的伴侣，但是她发现所有来的人都不符合自己的心意。这是为什么呢？其实她的内心根本不相信婚姻，根本不相信会有一段美好的关系。因为在她的原生家庭，她父母的婚姻就非常痛苦，这也让她内心产生了一个潜藏的信念——她的爸爸不是好人，所有的男人也不是好人。

她很渴望拥有一段美好的关系，想要去逃避父母婚姻的命运。

我告诉她："这就是无意识地吸引，潜意识里有个机制，当你的意思说你不要什么东西的时候，潜意识就会给你一个耳光，说'我现在就让事情发生给你看看'。"

就好像在生活中，有的人总是在抱怨，抱怨社会不好，抱怨公司不好，抱怨同事不好、邻居不好，生活过得一团糟，其实都是他自己吸引来的，他根本没有意识到，这就是无意识地吸引。

绝大部分人都处于无意识吸引状态，他们并没有意识到，很多我们外在的人、事、物都是我们内在吸引而来的结果。

比如说有的人总是在职场遇到排挤他的人；有的人做事做到关键的时候，总是会发生意外和挫败；有的人在运气好的时候，突然开始生病；有的人会发现他的亲密关系，一个一个的都是如此类似……

有意识地被迫吸引是指已经觉察到吸引力法则的作用，但没有办法停止去"创造"那些不想要的。

永佳的女儿上小学二年级，学习成绩中等，在班级活动中也不是很踊跃。永佳每每看到孩子，就抑制不住地想到孩子将来可能考不上重点高中，上不了好大学，没有一份好工作，在社会上落后于人、处处吃亏、被欺负……永佳焦虑的发散想象一旦开始，就停不下来，甚至愤怒地转头就开始叱骂女儿，搞得孩子一脸蒙。她甚至去找人给女儿算命，发现女儿命里有一些不好的兆头。于是她就每天去想可能存在的风险，想女儿的人生中万一有什么意外，觉得孩子的未来会很惨，这让永佳的内心更加煎熬和痛苦。

其实永佳心里知道，每天焦虑孩子的未来是不好的，但她就是无法停止这些烦躁的思绪。处在这种吸引状态下的永佳，比那些无意识的人更痛苦。因为她已经学习了一些东西，获得了一些内心成长，她能意识到自己需要改变。但是在改变的路上，她又觉得心力交瘁，实在做不到。

很多处于这种状态的人，想要改变自己的状态却有心无力，结果吸引来的还是那些不好的东西。

有的人很害怕自己生重病，所以身上一有点不舒服，就跑医院去做检查开药吃，甚至做很大型的检查，让医生反复地确认，最后医生告诉他没有病回去吧，他才觉得安全一点了，放松一点了。回到家以后，过了几天他还是觉得有哪里不舒服，又不放心，又怀疑自己生病了，再次跑到医院去做检查。直到有一天，总算查出了严重的毛病，他就会说你看吧，就说会生病，现在终于"实现"了。

有意识地吸引是指可以创造自己想要的，发现了自己的负向问题并可以去改变它，令自己的内在状态日臻完善，吸引想要的事物到来。这也是这本书将要教会我们的本领。

比如说你想要去申请或获得某一个职位，你通过自己的愿望和努力，很轻松地得到了。

所以，吸引并不一定是你强烈要求什么的时候才开始吸引，当你没注意的时候，也在发射能量吸引。

无论你是否相信吸引力法则，它都会运作如常，它也没有闭合的开关。这也是为什么我们每个人都需要去学习吸引力法则。因为不了解这些法则的你，其实就是在玩一场你不知道规则的游戏，输多，赢少。

那么我们通过什么去吸引呢？其实就是通过我们的起心

动念。

念头是一种思维的能量。我们有很多的念头、想法是来自被动的学习、被动的习得，可能是你读过的书，也可能是别人曾经对你说的话，还可能是你经历的一段过往，等等。如果你习惯了让自己被被动而起的念头牵着跑，那是非常可怕的一件事情。所以我们需要主动观照自己的念头，去进行自我训练。

首先我们要认清自己是怎样的一种状况，散发些什么念头，然后看自己是否需要去持续这个念头，是否需要转变念头。你的念力越强，你所发出的吸引力能量也就越大。

拿破仑·希尔曾经说过："积极情感和消极情感不会同时存在于心，一定只有一种占据主导地位。你有责任让积极情感成为内心的主宰力量。"

拿破仑·希尔是一位作家，他撰写过一本书，书名是《思考致富》，书中揭示了成功的秘密，并提出了十三个可践行的步骤。

其告诉我们如何去进行自我暗示，了解自己的潜意识，如何心想事成，如何去掌控自己的头脑和意念，内容与吸引力法则其实是相通的。

我们需要去了解自己的念头，去觉察自己的潜意识，同时觉察自己的状态是放松的还是紧张的，想法是正向的还是消极的，情绪是快乐的还是焦虑的。之后，我们就可以有的放矢地做调整，用一些方法把我们负向的能量转变为正向的。

对吸引力法则一知半解的小许，尝试在日常生活中吸引好的东西。

第一次使用是一个周一，着急赶去上班的小许被堵在了路上，这时他想起吸引力法则，就开始许愿交通能顺畅，让他上班不要迟到。然而小许一边暗暗祈祷，一边看着前车的后灯，忍不住连连按喇叭催促。前车司机听了很烦躁，直接下车来到小许车前斥骂。

事后，小许质疑吸引力法则的有效性，殊不知，是当时车上的他在持续释放一种消极、急躁、担忧的能量，对应吸引来的就是更多的麻烦和意外。

小许还想要去吸引财富，做了几天吸引力法则练习以后，发现财富没有来，小许又不耐烦了，他把这种很失落、很沮丧、不相信以及失败的能量释放出去了。吸引力法则根据小许的能量进行反馈和反应，小许想要的东西自然也就没有来。

如果你不喜欢你所获取的东西，你更需要深刻理解吸引力法则的吸引定律。一旦你把吸引力法则用错了，就会吸引来不好的事情。

当你决定去吸引的时候，你需要集中注意力，把思维放在某个对象上面，同时要体验正面的、好的情绪。

如果你感觉到恐惧、怀疑，感觉到有些什么阻碍着你，这个时候你是很难梦想成真的，必须用一些方法去清理它。我在后面会教大家如何清理。

相信定律

这个定律认为，你会得到你所聚焦的，不管是你想要的还是不想要的。

我有一个同学，有一次他买彩票中了40多万元，算是一笔不小的额外收入。不过在高兴之余，他开始担心别人向他借钱。

平时不怎么聊天的同事找他，他就心惊肉跳，担心对方是冲着借钱来的；远房亲戚来探亲，他也神经紧绷，就怕对方开口；许久不联系的同学召集开同学会，他想参加又害怕。

知道了吸引力法则后，他就每天像求神一样祈祷别人不来找他借钱。然后就是越怕什么越来什么——身边的人陆续得知他中彩票的事，纷纷来向他借钱，有借去给孩子交转学费的，有借去给父亲交医药费的，也有买房首付差几万元借去临时周转的——每个人的借钱理由听起来都难以拒绝。

这就是他把所有注意力都聚焦在不想要的事情上面，因而产生了强烈的吸引导致的后果。

意念本身是有能量的，它能够召唤其他能量并启动能量循环。所以当我们聚焦在一种事物上，聚焦在某个想法上，聚焦在某些人身上时，我们的心灵就会与之产生共振，同频共振、同质相吸，我们就和我们所聚焦的产生相互吸引。

不过，这里的聚焦不光是有想要的念头、想法，更重要的是，你要整个人完全地相信，同时让我们的心和五感去帮助我们催化吸引力法则的达成。

"想要"和"相信"是有很大区别的，想要就是"我没有这个东西，我很渴望拥有它"，相信是"我觉得我已经实现了，我只是顺便过去把它拿过来而已"。

"我很想要一辆跑车。"——这只是一种你匮乏的渴望而已。当你说"我相信我是人类，而不是小猫小狗"时，这个"相信"是如此坚定而没有一丝怀疑。

就像那个害怕别人借钱的同学，他虽然想要"别人不来找他借钱"，但是他的内心并不坚定，经常充满怀疑和忐忑，他的潜意识其实是相信别人一定会来找他借钱的。

在吸引力法则里，我们需要做到的，就是让我们自己去"相信"，而不是表达"想要"。

当你真正相信的时候，你觉察你自己是放松的，觉得事情是很容易的。当你带着那份渴求、想要的时候，你整个人是紧绷的。

要真正能够让自己达到相信，需要做以下几个练习：

第一个练习，释放阻碍自己相信的因素。

我们会在后面设计相应的操作步骤，让你能够释放阻碍你相信的因素。

当你释放阻碍你的因素后，第二个练习就是增加你的这种相信，增加你的观想，增加正向能量。所以它分为两个部分，相信法则是第一个部分，第二个部分是观想。

观想就是让我们的感官、情绪配合去持续发酵我们想要的目标。

有一种说法，当你持续聚焦 17 秒，在吸引定律的驱动下，另外一个同频同质的念头会被吸引聚在一起。当你连续聚焦 68 秒，你的意念就开始形成具有创造力的振动，开始吸引同频同质的信息、想法、人和事物、时空来到你的身边，进入你的经验，成为你的实相，所以能够引发强烈情绪的思维，并且很快地显化出来。

在吸引力法则里，一切的发生需要两样东西，第一样是一个种子，也就是你"起心动念"的念头，第二样就是持续的动力。

如果把种子比作一颗子弹，那么这些相信、这些观想就像给子弹加速的动力，子弹在空中持续飞一会儿，最后击中的才是目标。我们聚焦于目标时，也是需要等待的。

如何观想

比如，你的目标是拥有一幢 150 平方米的大房子。当你去做观想的时候，你首先需要去做的，不是直接想到这个房子，而是先去觉察你的情绪，看看自己是不是处于好的状态。

你需要面带微笑，很开心地想象你看见整幢房子，看见房子的外立面是什么颜色，它有一扇木门还是金属防盗门。你打开门走进去看看里面的空间格局，房子里的每个细节，包括装修风格、家具设备，你和谁一起在这里生活，你们是如此开心。你的内在非常感谢这个房子，住在这里让你觉得整个人都非常舒适。

你需要观想到所有这些细节，甚至具体到你听到的声音，比如开关电灯的"吧嗒"声，走在木地板上"吱吱嘎嘎"的声音，等等。你还可以感觉到你在厨房做饭的时候闻到的气味，你触碰从阳台照进来的阳光很舒服的感觉，你心里面放松、开心、幸福的感受。

这些集合在一起叫作观想。

如果把吸引的念头比作一个方向、一个目标、一个聚焦的话，我们持续的观想就是给这个目标以源源不断的动力和能量，让它去吸引和显化。

为什么观想会有效果？因为我们的头脑是不区分想象和事实的，我们曾经认为的事实，其实某种程度上也是想象。

小环过年经常不回家，同事问起，她说，她的父母对她很不好，小时候经常斥责打骂她，所以她上大学后就不怎么回家了。

有好奇心重的同事就问她父母为什么打骂她，她为何不反抗。小环细细回想，有一次是小时候不懂事，她恶作剧把胶水倒进水杯里让哥哥喝，被父亲看到，父亲一着急打了小环一巴掌，从此小环就认定父母重男轻女。还有一次是考试成绩下滑，家长会后母亲询问她，正处于青春期的小环不耐烦地顶了几句嘴，被母亲重重拍打了后背两下。

仔细想来，父母除了这两次，也没什么对小环恶劣的地方，平时也跟其他人家的父母一样忙忙碌碌地养家糊口，虽然不擅长家庭沟通、子女教育，但也实在谈不上是对子女不好的父母。

小环将自己陷在一种埋怨、憎恨的对立情绪里，并认定这种情绪背后的恶劣关系是一个真实的事实（其实并不是）。真正的事实是小环的父母像大多数普通人家的父母一样，养育了子女，他们的确打过小环，但并不是天天打、日日骂，绝大部分的时候对小环还是挺好的。

我们的大脑会有选择地放大某些记忆，尤其是创伤的记忆。如果有绝对事实的话，我们的头脑肯定不属于那个事实本身。大脑是视觉、听觉、感觉收集的信息的主要处理中心，通过它旧有的信念，以它的理解，形成一个头脑里的图像或者一种定义。

头脑本身是不区分想象和事实的，它也不知道什么是事实。这也就是为什么很多人不自信、自卑、没有力量，但是通过一两项心理学的练习，就可以恢复力量。

镜像神经元

意大利的神经科学家在 20 世纪 90 年代无意间发现了所谓的镜像神经元（mirror neuron）。为了监看神经回路活跃时的脑部，他们在猴子的脑中植入了电极。当猴子伸手拿坚果时，与移动手臂和握紧手指有关的神经元的活动被如实地记录在仪器上。令人惊讶的是，即使猴子根本没有做出任何动作，而只是看着别的猴子伸手抓了一颗坚果时，这套动作的神经回路也会受到触发。

不只是主观动作的神经回路会受到触发，主观情绪的神经回路也是如此——某个人因为听到一个笑话而笑得前俯后仰时，会让其他旁观者的笑意回路随之受到触发。电影中的主角拼命想要逃过敌人的追击时，观众也会产生身临其境的紧张感和恐惧感。

镜像神经元打开了一扇神奇的大门，人们不必经历实际的事情，就可以获得同等的体验结果。

当你遗忘什么东西而找不到的时候，有可能会想：我到底把钥匙丢哪儿了？厨房里？沙发上？办公室里？这个时候，每当你想一个场所，大脑都会神奇地补充"好像"真的发生过的画面。你的神经元为了帮助你回忆，都努力地工作着，结果它们在"创造"新的、从未发生过的画面。但是，在每个好像"真实"的画面的提醒下，最后你到处找还是找不到。当你垂头丧气地把手插进裤兜里时，突然发现，钥匙就在你的裤兜里。然后，你那"智慧"的大脑又会神奇地浮现出可以自圆其说的画面："哦，原来是当时……"

我们的大脑具备神奇的功能，可不是精神胜利法的阿 Q。

我们很多时候被错误地教导：我们的内在、我们的精神、我们的思想一无是处，只是一堆妄念而已，对物质世界不起作用。其实不是的，我们的内在具有强大的作用和神奇的功能。

比如，大脑可以重新形成神经联结，再度获得已经失去的行动力。亚拉巴马大学伯明翰分校的心理学家爱德华·陶布让中风患者参加了"强制性运动疗法"（constraint-induced movement therapy）：陶布让中风患者选择性地尝试使用他们受损的手臂或脚，同时刻意不使用未受影响的另一侧肢体。仅仅两周，陶布就发现患者的神经回路已经绕过失效的神经序列而重新联结起来，这个过程被称为皮质重组。经过这种治疗后，一些丧失手臂控制力的音乐工作者还能重返岗位。

仅仅是想象受损的肢体在运动，也有助于神经回路重新建立联结。辛辛那提大学德雷克中心的研究者让中风的受试者进行想象练习，例如一边聆听 CD，一边在脑海中进行物理治疗的练习。数年后发现，在治疗过程中加入想象练习的患者，比单纯接受治疗的患者进步更大。

1919 年，米尔顿·埃里克森得了小儿麻痹症，这令他全身陷入瘫痪，除说话和眼动外，他不能做任何事情。他的妈妈请来了三名医生，他们都对她说，你的儿子没有指望了，他活不了几天了。这个少年对自己说，他一定不会让医生们的断言实现。他想到自己儿时摘苹果的一个画面。这个画面是真实的儿时画面。这一画面在他脑中无比生动，被描摹得细致入微：他的手缓缓地伸向苹果树上的苹果，似乎被分解成了一系列细小的动作。这个摘苹果的画面动作在他的内心被重复了几十万次。几周后，这一画面中牵扯到的肌肉恢复了轻度的行动能力。数年后，他不仅站了起来，还在一个夏天，靠一艘独木舟、简单的粮食和露营设备以及一点点钱，畅游了一次密西西比河。

对大脑来说，想法就是现实。

科罗拉多大学博尔德分校的一个研究小组在 68 名受试者身上进行伴有声音的轻微电击。接着把这群人分成三组。

第一组反复听到电击声音，但不进行电击；第二组则在脑海中想象电击的声音；第三组则想象由雨声和鸟鸣声所组成的大自然的天籁之声。

结果显示，想象电击声音的那组和确实听到声音的第一组，所表现出来的大脑活动非常相似：大脑的两个部位——前额叶皮质和伏隔核都亮了起来。

该研究的第一作者玛丽安娜·瑞丹表示："从统计数据来看，真实和想象的威胁暴露在整个大脑层面上并无二致，想象也同样能发挥作用。"

托尔·瓦格是博尔德分校认知与情感神经科学实验室主任，也是此研究的第二作者，他说："这项研究证实，想象是由神经所建构的实相，它能以对我们的健康至关重要的方式影响我们的大脑和身体。"

对大脑来说，想法就是它的现实！

吸引力法则其实并不在乎也不知道你是通过回忆、模仿、创造、假设还是通过白日梦来产生思维的，它仅仅是在你产生观想的一瞬间对你心灵状态的感应。如果你同时满足相信和观想两条，这个时候你就产生了一种对你而言真实的能量。

国外有一个名叫丹尼斯的博士，他的工作是训练运动员。他将吸引力法则的一些基本要素加以归纳，帮助运动员将潜力发挥到极致。

他使用的方法就是大量的观想，让运动员去想象他们在赛跑冲刺、跨栏、跳马、足球等运动项目里有很好的表现，去观想到他们赢得胜利的每一个细节，去看到自己的手指怎样动作、躯体怎样翻腾，让自己进入一种很好的状态。

通过这个方式，他培养出了大量的奥运金牌选手。

所以在第二条定律里，我们需要把握的是让自己进入一种持续的、纯粹的、专注的能量状态。

霍利维尔博士在他的两本书里讲到过，绝不要期待你不想拥有的东西，也绝不要期望你无法期待的东西。当你期待你不想拥有的东西的时候，你就会吸引令人不快的东西。

例如，你其实不想被老板炒鱿鱼，但是你总是在想万一失业了，你怎么办，你就会吸引那些不好的事情发生。这就是所谓"不要期待你不想拥有的东西"，想都不要想。

而当你期望你无法期待的东西时，你思维的力量就会徒劳无功。你明知道有些事情是做不到的，起码你认为现在的你是做不到的，是不可能发生的，但是你依旧期待。你这样期待的时候，你有可能吸引来的并不是对你有帮助的东西，因为你的内在不相信，所以你内在释放出来的都是怀疑和匮乏。

比如你期待在一年内成为世界首富，其实你做这个期待的时候，你自己都不相信，你也觉得根本没有这种可能性。这种期待做了又有何用？白白浪费精力罢了。

允许接收的定律

这个定律告诉我们，我们发出愿望，应该允许宇宙用它的方式来安排一切，接受所有的结果。

命运的安排也许是出其不意的，需要你去留意它。

有个女孩到了婚嫁的年纪，发愿要吸引一个优秀的伴侣。经几次别人介绍，她遇到了一个心仪的男孩，无奈对方不喜欢她。

女孩心中烦闷，便去找闺密、朋友诉苦。看女孩情绪低落，有个爱运动的男同学约女孩去打羽毛球，陪她去爬山、划船、品尝美食，但这些也无法让女孩心情好转，女孩反复絮叨的就是："再也遇不到某某那么让我动心的男孩了……"

女孩的目标是吸引一个良伴，但她思维固化，误以为心仪男孩就是能吸引来的伴侣。殊不知，已经有很多合适的人围绕在她身边了，比如陪她散心的男同学，无奈女孩把自己的视野收缩了，导致没法看到"男同学"也是一个良伴。

我们要相信宇宙的办事能力肯定超过我们自己的想象，所以我们大可放心地把事情交给宇宙去办理。

其实，这某种程度上就是一种臣服。所谓"臣服"，不是消极的态度，不是懦弱和委曲求全。臣服，是放开个人的好恶，让生命做主。"真正的臣服是勇敢地放开自我，全然拥抱当下的变化，然后，我们会看见生命所安排好的、种种超乎意料的惊喜。"

当我们用自身能量释放出了某一个信号、某一种意图之后，关于它通过怎样的逻辑运转实现，以什么样的方式显化，不是我们需要操心的事情。我们要放下想要操控结果的欲望，让自然法则按照自己的方式去实现。

旭辉在大城市工作生活，迫于生活压力，一直跟别人合租，住着不怎么宽敞的小房间，喜欢狗狗的他，一直也没有条件养一只自己的宠物。于是他就利用吸引力法则，想住个大房子，好养一条狗。

过了很长一段时间，他还是做着固定的工作，领着固定的薪水，买个大房子的梦想始终遥不可及，租个宽敞的房子都有些困难，旭辉的心里难免有些失望。

就在旭辉不抱什么期望的时候，他们公司的办公地合约到期，搬去了一个胡同里的花园别墅。老板一时兴起，允许员工带宠上班，猫一日、狗一日轮换着来。几乎突然之间，旭辉就变相实现了"养狗"的愿望，每隔一日就可以撸到同事们的各色可爱的狗狗。

如果可以放宽松去看，旭辉想要住大房子背后的目的，其实就是养狗。当你并不想刻意去控制某一个具体结果的时候，就会有很多机会到来。就好比旭辉，发现"住"上了公司的花园别墅不说，也一下子"养"了好多可爱的狗狗。

你会发现，宇宙实现目标的方法和你能想到的不一样，我们经常过于执拗地要实现既定目标，却忽略了这个目标背后的意义。

所以，我们需要让自己像一个种瓜的农夫，种下种子，浇水，施肥，剩下的一切就交由宇宙。可能最终长出来的瓜有子或者无子，长了一个或者多个，长得大或者小，甜或者涩……但是我们允许一切的发生，并且感恩一切的发生。

功 课

初设对未来的期待

1 回想你自己的过去，有哪些有意识吸引和无意识吸引的经历？

2 给自己一个对未来充满美好预期的画面，在晚上睡觉前详细地观想，让自己体验所有的画面细节、声音细节、感觉。

3 描述并写下来。

第二部分

吸引力法则的隐藏核心
——没有欲望的欲望

吸引 自己 的 奇迹

在我们开始使用吸引力法则召唤、吸纳我们人生的丰盛，实现我们的人生意图之前，有必要先了解一下让吸引力法则生效的三大力量。

这关乎当吸引力法则不太好用的时候，你会知道影响其有效性背后的原理是什么，这样你才能及时调整、修正。

三大力量

1. 正向的力量

正向的力量就是增强吸引力、增强意念聚焦的力量。

我们前面讲过同频共振、同质相吸的原理，当我们发出一个纯粹、强烈的正向能量时，就会带来相应的吸引和回馈。

这也是吸引力法则的基本思路：我关注我想要的东西，设定清晰的目标，然后发出这个意愿，每天坚定地相信它、强烈地观想它，通过同频共振的吸引，这个目标就应该能够实现。

按照这个说法，只要关注正向的能量，就可以实现吸引力法则了，但事实是，我们的意愿经常因被干扰而落空，想要的东西迟迟不能到手。

这就是另一种力量在反向抵消我们使用吸引力法则的效果。

2. 负向的力量

负向的力量，顾名思义，就是阻碍吸引力法则实现的力量。相比正向的力量，负向的力量种类更多样化。

一是自身存在的负向动力，亦即限制性信念。

比如，"我觉得我做不到""我没有资格，我不够好""我不配拥有那么好的东西""我期待的生活永远不会到来"等，这些都是你自身存在的限制性信念，是吸引力法则生效的绊脚石。

二是来自家族系统的动力。

有时候你的确想要拥有好的东西，度过美好的人生，但是你可能有意识或无意识地去追随、重复父亲、母亲的命运。

也就是说，虽然我们的头脑想要去吸引很多好的东西，让我们的人生变得更好，但是我们的潜意识里有一部分声音在牵制着我们，想要让我们变得更差，甚至牺牲我们的某些幸福。因为我们的内在觉得，如果我们牺牲自己、状态很差，那就跟父亲、母亲一样了。虽然日子过得难受，但在潜意识里，我们会感觉到那种深深的放松，这就是来自家族系统的动力。

有一个女孩子，她的家庭状况挺不错，但是在她很小的时候，她的一个哥哥和一个姐姐就夭折了。按道理说，这件事对她本身应该是没有影响的。

但是家庭系统排列的原理会告诉我们，系统并不允许任何成员被排斥，所以在她没有去处理这个创伤、没有去结束这个动力的时候，她时常会有一种莫名的忠诚感。这种莫名的动力牵引着她想要为她失去的兄弟姐妹做些什么，甚至想要去追寻他们的命运。

每当她在享受生活乐趣的时候，她就会觉得对哥哥姐姐不忠诚。因为他们是那么不幸，过早地离开了人世，没有享受人生的乐趣，想到这些，她就会突然变得沮丧、烦躁不安。她的情绪影响了她的命运，让她的家庭变得不幸福，也莫名其妙攒不下来钱。但是让生活变得更差的她，反而会觉得内心安定一些。因为那些来自家庭系统的动力无形中驱使她这么做。

以上两种我们自身存在的负面力量，都需要清理掉才能不阻碍我们前进。

三是目标带来的负向动力。

这个负向的动力本不存在，但是因为你有了"目标"这个欲望，它才产生。正所谓"有压力才有动力"，没有目标的欲望拉扯，也就没有以目标为着力点的力的纠缠。

为了帮助我们深刻理解这个目标带来的负向动力，我们先来了解一下莱斯特·利文森的故事。

莱斯特·利文森人生的前半段非常顺利，他拥有物理学家的身份，毕业于罗格斯大学。他想赚钱，想在世界上有所作为。但是他从事的所有创业项目都很短暂，因为每当要取得成功的时候，他就失去了兴趣，项目也就结束了。

同时，他深受各种疾病的困扰：抑郁症、黄疸、肝脏肿大、肾结石、脾脏问题、胃酸过多、胃溃疡（胃部穿孔并形成病变）、偏头痛、冠状动脉血栓等。到 42 岁的时候，他的心脏病严重发作。那时候医疗水平还不发达，医生很遗憾地告诉他他活不了多久了，随时都有可能会死。

被宣判死刑的莱斯特如五雷轰顶，回家之后，他开始反思过去的种种人生经历。

冥思苦想之后，他突然注意到，每次极度想要什么东西、渴望实现什么目标的时候，他就会生病。他发现那种强烈想要的感觉，才是他痛苦的真正来源。

他想要爱，想要钱，想要事情改变，想要梦想实现……每次当他体会着那种极度渴望时，就会同时伴随着很多不舒服的感受，这些不舒服的感受就会堆积，衍化成了疾病。但如果他只是简简单单付出，表达爱，并不想要什么回报的时候，他就不会生病。

于是莱斯特问了自己一个问题：如果我能够摆脱所有的抓取欲望的感觉，我会好转吗？他考虑了这个问题后，发现欲望其实就是那些非"爱"的东西。

顿悟之后，他发明了圣多纳释放法。

短短三个月里，他身体上的所有疾病都得到了治愈，内心的痛苦也开始消失了。最终莱斯特进入了一种一直很快乐而没有悲伤的状态。

从 42 岁时被宣判随时会死，到他最终去世，又过了 40 多年。

根据莱斯特的发现，当我们想要一些东西，也就是说，我们有了目标时，它本身就会带来一些负向的动力，这是欲望所带来的。

比如当我们想要去实现每年有多少收入，并且很渴望实现这个目标时，我们就会同时产生紧张感和控制欲。而当我们没有想要一年几百万几千万的目标，甚至对赚钱都没兴趣的时候，我们就不会有那种紧张感和控制欲。

所以说，是极度想要实现、获得的那种欲望，带来了紧张和匮乏。

影响吸引力法则实现的最根本的障碍就是欲望本身。

欲望的本质是匮乏的，当你有匮乏感，渴望用一些东西将其填补的时候，就产生了欲望。

所以欲望本身才是问题，因为欲望觉得"我还没有满足，觉得很痛苦"；欲望也表明另一层意思，"我只有得到了，我才会幸福"。

前者是痛苦的显性能量，后者是痛苦的隐性表达。

当你有欲望的时候，无论是显性的还是隐性的，匮乏的能量已经在发射了。

莱斯特总结道："只要我们有欲望，那就意味着我们是匮乏的。匮乏和欲望是同一种东西，正是欲望把我们困在了有限的世界里，欲望是快乐最大的敌人！"

当我们产生了一个目标，就同时生起了一个欲望，所以我们一般会同时拥有两样东西：目标和欲望。而欲望配套的又是匮乏、纠结、紧张、恐惧等等，当我们有目标的时候，那个可憎的欲望就会带着它专属的负向动力同时产生了。

看上去这两样东西是绑定在一起的，那我们能不能放下欲望，只拥有目标呢？

比如说，你是个坐拥整个国家的国王，拥有整个国家的财富，整个国家的山川、河流、土地和人民都属于你，这个时候，你可能对赚多少钱、拥有多少物质的欲望很微弱，甚至没有了，但是你仍然可以源源不断地去拥有财富。也就是说，你只是单纯地有一个目标而已。

如何实现这个改变？这就牵扯到心理学范畴的潜意识层面。

潜意识是很难直接改变的，所以我们要学会跟它相处，与其抗拒、忽视、逃避、欺骗它，不如欢迎它。这其实就是所谓释放法、情绪平衡法背后的秘密，也就是当你真正想要释放一个东西，比如释放一个欲望、一种抗拒、一个限制性信念、一种情绪的时候，你能做的最好的方法就是去欢迎它。

同很多人一样，丹瑞有失眠的病痛，几乎每晚都在跟失眠抗争。她吃安眠药、洗热水脚、喝牛奶、听音乐，或者给自己做心理暗示，各种各样的方法都尝试了，却不奏效。她越想睡觉越睡不着，越想方设法对抗失眠越焦虑难眠。

直到两年后的一天，丹瑞觉得真的是筋疲力尽了，已经不想再跟睡眠抗争了。她决定就从这一晚开始，睡不着索性不睡觉了，就只是躺在床上发呆。她告诉自己："我再也不想入睡这件事了，我已经放弃了这个欲望和念头，彻底投降了。从今天晚上开始，我决定，不再睡觉，只躺在床上放松一下就可以了。"

但是很奇怪的事情发生了，当她彻底放下所有意图，放下睡眠欲望的时候，从那天开始，她竟然慢慢地有睡意了，失眠的状况大有好转。

要消灭我们内在的敌人很简单，就是跟这个敌人做朋友。跟敌人变成朋友以后，我们也就不需要去消灭什么敌人，因为敌人已经不复存在，没有什么东西再需要被抗拒、被征服、被改变。

最终就是，你不再去想改变的时候，改变却自然而然地发生了。

有一次在我的课堂上，一个学员问我："我跟父母的关系一直很僵，我该怎么做呢？"一般这种情况，我给他们的建议都会是，无论发生了什么，你要去做的功课就是接受父母，去做"接受父母给予你生命，感恩生命的礼物"的练习。

这个功课的目的是接受父母给予的一切。也就是说，以前无论你是否憎恨父母，父母是不是喜欢你，都不重要，现在你愿意去接受父母所给予的一切。

这个学员去认真地做了这个功课，后来他告诉我，他现在不再埋怨过去没有得到什么，也不去妄图纠正过去、改变父母，然后他发现，他可以心平气和地面对父母。一个很神奇的结果就是，他跟父母的关系自然而然地变好了。

改变背后的核心机制，其实就是"释放改变的欲望"。

但这绝不是想方设法骗过我们的潜意识去做这些，而是你发自肺腑，真心没有这些改变现状的欲望了，然后改变才会发生。

孙俊感觉公司跟他的气场格格不入，他每天努力完成工作，早请示晚汇报，还经常自请加班加点，得不到欣赏不说，反而因为一个小失误就被降职。同事们看不惯他太"卷"，开始有意疏远他，部门私底下聚餐没人喊他。

感受到这种微妙的气氛，孙俊开始每天做释放功课，让自己充满能量，但一到公司又很快被消磨掉，事业越来越不顺心，人际关系越来越差。

孙俊的核心问题就在于，虽然每天做释放，但是内在强烈的欲望没有办法释放，所以无论做什么练习，那个目标没有达到，就不会顺心。因为他始终想要处在一种正向的状态中，想要获得欣赏，想要升职，想要人际关系顺遂。这些欲望不清除，做多少练习也于事无补。

后来，孙俊开始做另外一个辅助练习，就是敲打手刀点，同时告诉自己："哪怕永远没有人欣赏我，哪怕永远没办法升职，哪怕人际关系永远都是这样，我都可以接受，我仍然可以认同我自己。哪怕我的老板、同事都不欣赏我，都不喜欢我，我也可以认同我自己，这样挺好。"

从心底无条件地接纳之后，吸引力渐渐起了作用。没有欲望的孙俊依旧努力工作，继续做自己。老板看到了他的坚定，给他恢复了原来的职位。有同事觉得埋头苦干也不去寻求同事关注的孙俊挺有个性，反而开始跟他搭话。

释放并不是说，当你释放想要的欲望以后，你就得不到想要的东西了，而是说，如果你能够真正放下"想要"这个欲望，你就能无所阻碍地得到你想要的东西。

也就是说，如果你对一些人、一些事有追求、欲望，当你真正不想要了，真的放下了想要的执念，你反而很顺利地得到了。但是如果你很想要得到，很抱歉，你的阻力会越来越大，你反而得不到。

这听起来是不是像一个悖论？越想要越得不到，不想要反而能得到？

这，就是吸引力法则的内功心法，它就是这样相互冲突的。要学会使用吸引力法则，你必须牢牢记住这三条：

（1）产生一种没有欲望的欲望；

（2）你要先成为它，才能得到它；

（3）当你不想要它了，你就能得到它。

接下来容我一一为你解释。

（1）产生一种没有欲望的欲望。

普通人运用吸引力法则总是过度地把注意力放在专注、观想、100%用力上面，那么就会导致我们的心过于紧绷。

过于紧绷的心和强烈的执着会催生小我的执着和匮乏感，也就是这个目标本身让我们变得更加不快乐，更加难过，更加充满了得失心。

所以在这种状态的驱动下，我们反而吸引来了不想要的东西，或者没有办法去实现想要的东西。本来你还没有那么不开心，但是当你使用吸引力法则，想要去吸引一个你心目中的灵魂伴侣的到来，努力了半天却又得不到的时候，你可能会变得气急败坏，变得沮丧，因为我们的心是如此地被锁定在一个目标上。

那这里所说的，和我们前面所讲的意识可以影响物质世界不是冲突了吗？不是的，并没有冲突，而是我们运用意识的方式不对。

就如同我们去叮嘱孩子做作业是正常的，但是如果你一直盯着他，每天盯着他，高强度地盯着他，很有可能使他产生厌学的情绪。

如果你特别想要在明天的考试当中发挥得非常优秀，因为这个考试太重要了，决定你人生的前途，那么很有可能你今天晚上就会失眠，很有可能明天考试你就会出现焦虑、紧张、出汗、头脑发蒙等状态，甚至眼前一片空白。

如果你把吉他的弦调得过松，它就没有办法弹奏，但是如果你把它调得过紧，又会崩断。

佛家说："制心一处，无事不办。"我们如何运用吸引力法则来达到这种状态呢？那就需要我们明白心的运作规律，需要知道前面的一些步骤为何如此设计。

在前面的步骤中，我们强调观想、细节是因为需要去增加这个心念的纯净度和相信度。这是因为我们头脑里的妄念比较多，我们很难发出很纯净的信念，因此通过一些刻意的观想去放大和强化它。

如果我们牢牢地把持住这个念头，我们的头脑会产生更多的念头，比如说这个目标能不能实现的念头，对这个目标一定要实现的执着，对这个目标可能会失败的恐惧，万一目标实现不了，我们如何面对自己，对自我的怀疑，等等，也就是一个念头会带出无数的念头。有的念头是粗大的，很容易被看见；有的念头很细微，躲藏在我们潜意识的深处。

因此吸引力法则的核心不是强烈的欲望。

吸引力法则的核心是产生一种没有欲望的欲望。而这个核心是大多数流派没有提到的，是隐藏的法则。

什么是没有欲望的欲望呢？我产生一个目标，但是我放下对这个目标的所有期待。

也就是我在最纯净的状态产生一个强烈的心念。同时我100% 释放这个心念，不对这个心念做过多的控制。

你可以去感受一下，当我们产生一种强烈的欲望时，我们的内在充满了贪执和紧张，自我个体感更强烈。

但是当我们产生一种没有欲望的欲望时，我们会更加放松，内在有一个更大的空间和一种坦然与确信，更加天人合一。

（2）你要先成为它，才能得到它。

传统的认知是，先得到什么，然后才成为这样的人。

比如，你先得有钱，然后才理所当然地成为一个有钱人。但吸引力法则的内功心法恰恰相反，它认为，你得先成为一个有钱人，然后你才会有钱。就是必须先成为目标状态，然后才能得到。也就是说，你先处于一个有钱人的状态，那种花钱很轻松、随意、享受的状态，然后你才会变得很有钱。

我们可以做一个臆想，让自己从现在这一刻的状态先到了若干年以后有钱、有闲的那种状态，或者臆想一下自己已经是富可敌国的富翁，那么剩下的，就只是顺便去轻轻松松赚个百八十万。

想想看，身为有钱人的你，是不是已经在富有的状态下实现了你想要的目标，而且放下了欲望？

如果你现在觉得自己是个穷人的状态，那你要去实现那个百八十万，就会有很强烈的匮乏感和欲望。

毕竟，在富人眼里，百八十万不过是零花钱，在穷人眼里却是一笔巨款。这样一对比，就知道我们为什么要让自己先处在一个有钱人的状态了吧。

大部分时候，我们会把聚焦点放在我们的欲望上，放在我们的痛苦上——考试分数很低，孩子成绩很差，夫妻关系很僵……

这时候我们会焦虑、烦躁，我们处于一种针对过去的事情而很糟糕的状态，并不是未来我们想要达成的状态，那必定是一个不丰盛的旧的状态。

在这个旧的状态里面，你吸引来的自然还是那些旧有的事情，看起来没什么起色。

所以你要先处于你想要的状态，你才能得到它。

也就是说，你必须让自己的状态先达到未来成功的那个境界，然后一切就是顺水推舟，顺势而来，心想事成。

这就是第二句内功心法的奥义。

（3）当你不想要它了，你就能得到它。

当你没有很刻意地渴望一个东西时，那个东西就很容易到来；当你的意念发力，很想要一个东西的时候，欲望产生，匮乏感就随即产生，你想要的那个东西就像一个相互排斥的磁铁一样离你而去。

举个很简单的例子，身为家长的你，很想让你的孩子学习成绩好，能够考第一。

当你有这个渴望的时候，会产生对孩子未来的担心——万一他考不好，怎么办；万一他没上好学校读好专业，怎么办；万一他找不到好工作，怎么办；万一他养活不了自己，怎么办；万一他失败，怎么办；万一孩子压力很大，怎么办……

当你有了愿望以后，这个愿望捎带着会产生千头万绪的念头，其中大部分都是给你带来负向能量的。

所以你每产生一个愿望、一个目标时，你要在心里同时释放对这个愿望、目标的渴求，这样你的愿望、目标才能实现。

这几个心法通了之后，你才会扫除心理障碍，使用吸引力法则才会得心应手，得偿所愿。

3. 未知的力量

除了正向和负向的力量，使吸引力法则实现的关键还有第三个力量——未知的力量。

这是来自宇宙、命运的力量，来自我们人生的使命和召唤，没有人能够真正窥探它的秘密。

1990 年，旅行者 1 号于距地球 60 多亿公里处最后一次回望母星，拍摄了地球的照片。美国天文学家卡尔·萨根说道："我们成功地拍摄了这张照片，当你看它时，会看到一个小点。那就是这里，那就是家园，那就是我们。你所爱的每一个人，你认识的每一个人，你听说过的每一个人，曾经有过的每一个人，都在它上面度过他们的一生。我们的欢乐与痛苦聚集在一起，数以千计的自以为是的宗教、意识形态和经济学说，每一个猎人与粮秣征收员，每一个英雄与懦夫，每一个文明的缔造者与毁灭者，每一个国王与农夫，每一对年轻情侣，每一个母亲和父亲，每一个满怀希望的孩子，每一个发明家和探险家，每一个德高望重的教师，每一个腐败的政客，每一个'超级明星'，每一个'最高领袖'，人类历史上的每一个圣人与罪犯，都在这里——一个悬浮于阳光中的尘埃小点上生活。"

宇宙在大约 138 亿年前发生大爆炸，产生粒子，产生分子，产生星云，从无机中产生有机，从低分子产生高分子，从非生命体产生生命体。这中间还存在着无数的秘密、无数的未知。我们对这个宇宙的了解其实还少得可怜，只是我们比较熟悉了悬浮在这宇宙当中的这颗蓝色的如灰尘般大小的星球，熟悉了在这个星球上的红尘世界，熙熙攘攘的都市，我们过多地放大了地球上所熟悉的一切，把它们当成真实。从某种程度上讲，有可能我们也只是更大号的井底之蛙而已。

因此对一切，保留一些神秘、未知和相信。

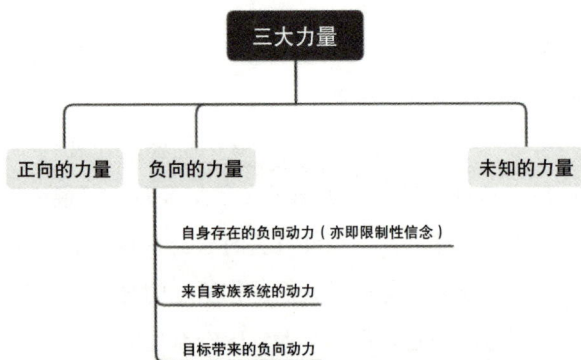

```
                        ┌──────────┐
                        │  三大力量  │
                        └──────────┘
        ┌──────────────────┼──────────────────┐
   ┌─────────┐        ┌─────────┐         ┌─────────┐
   │ 正向的力量 │        │ 负向的力量 │         │ 未知的力量 │
   └─────────┘        └─────────┘         └─────────┘
                          │
                  ┌───────────────────────────────┐
                  │ 自身存在的负向动力（亦即限制性信念） │
                  └───────────────────────────────┘
                  ┌───────────────────┐
                  │ 来自家族系统的动力   │
                  └───────────────────┘
                  ┌───────────────────┐
                  │ 目标带来的负向动力   │
                  └───────────────────┘
```

三大力量中，正向的最好理解也很容易操作，未知的不可掌控，唯有负向的力量对吸引力法则生效的影响最大，但我们通过学习也可以应对自如。

功 课

用祈祷词移除阻碍

祈祷词：

* 我想要……（愿望）

* 因为……（最终状态）

* 宣言：感谢你为我移除阻碍这件事的信念或模式，并且以你认为对我最好的方式来成全。

* 这里解除、发愿、感恩、接受在这个短短的祈祷词里都有了，同时保持已经达成的感觉。

* 我亲爱的宇宙，我决定找到理解自己的伴侣，因为我想要美好的婚姻，感谢你为我移除阻碍这件事的信念或模式，并且以你认为对我最好的方式来成全。

☾ 吸引力法则的操作步骤引导

深入了解了吸引力法则的方方面面之后，现在我们可以学习如何使用了吧？其过程也是很简单的三个步骤。

第一个步骤：要求。

要求就是把我们的命令发送出去，提出要求就相当于我们下命令、下订单。

就像你很想要一件东西的时候，打开购物网站搜索到之后，你还需要去下个订单才行。

比如，"今年我想让我的年收入达到 100 万元"，简简单单的一个下命令方式，就把我们专注的能量打包发送出去了。

这个打包的命令由三个部分组成：

第一，我们的语言文字，就是我们头脑里想要的东西。我们的思维、目标，用语言文字的形式表达出来。

第二，我们的情绪能量，也就是我们的感觉。发送命令、订单的时候，你的内在到底是紧张的还是放松的，愉悦的还是焦虑的？

第三，我们的潜意识、信念，也就是当你下命令的时候，你究竟是怎样想的，你相信与否。

语言表现出来的、身体感受到的和潜意识真正相信的，这些组合起来才是一个完整的命令。

下命令还有四个要点：

找到一个良好的空间；调整状态到放松、愉悦的频率；将目标慎之又慎地写下来或者画出来；调动你的五官，去感受一下这个目标、这个命令究竟是不是你真正想要的，立下这个目标的时候，能不能让你感到兴奋、愉悦。

如果这四个要点都满足了，那么你下命令的基本步骤就对了。

我们很多时候羞于表达，心里面有很多想法、愿望、目标，但是都没有坚定地表达出来。

"下命令、下订单"不光是对外提出来，而且需要你很明确、很坚定地说"这就是我想要的东西"，对内也是给你自己一个确认。

通过下命令，我们不再压抑自己的需求，可以名正言顺、理直气壮地说："这就是我想要的，这是我想要去实现的。"

如果你提出要求的时候会胆怯或心虚，你就需要去看看出了什么问题，需要怎样调整，你是需要修改目标还是释放心里的匮乏感。

小美想在今年找到一个很好的伴侣结婚，当她去提这个要求的时候，感觉内心不是那么理直气壮，有点羞涩、扭扭捏捏。

提完这个要求，小美心里一直有个声音对她说："怎么可能找到那么好的伴侣，就算找到了，也肯定不是今年，要花费好长时间吧？如果找到了，那个伴侣会喜欢我吗？"好像觉得各种不可能、做不到或者不配得到。

小美这才发现，原来内在的自己有这么深刻的自卑，觉得自己不配得到好的伴侣。

提要求并不是那么简单的，意识到这一点后，小美告诉自己："从今天开始，从现在开始，我是有资格去提任何需求的，我是独一无二的个体，我有权利去得到任何美好的事物，去实现任何看似不可能的奇迹。"

提要求的时候，你应该是觉得自己完全有能力通过自身的能量去吸引、去催化外在世界达成的，你必须有这个自信。同时通过提要求的过程，你也可以发现什么是你真正想要的，这其实也是帮你梳理自己的一个过程。

第二个步骤：相信。

相信就是你相信这个目标势在必得，相信想要的一切正在发生，相信宇宙间所有的力量都在响应你。

就像你通过网络购买商品以后在家等快递一样，你根本不关心它们是怎么生产、怎么送货的，但你相信它们很快就会送到你手中。

相信应该是很放松的，就跟你很信任一个人一样，不会每天去怀疑、琢磨这个人是否会背叛你，是否会做一些对你不好的事情，甚至别人跟你说一些关于这个人的负面评价的时候，你都不会去采纳。

相信这个元素，在吸引力法则里是至关重要的，可以说是关键中的关键。

也就是说，无论你怎样合格地下命令、下订单，释放你的目标，如果你不相信，那么吸引力法则是很难奏效的。

哪些情境会导致吸引力法则失灵呢？

首先是怀疑。

你可能有很多逻辑上的推测，你觉得这个讲不通，那个看上去没道理，没有实打实地相信。

一旦你释放出这种怀疑，就是一种考察甚至否定的态度，意味着你本身没有做到全然相信。也就是说，你在吸引力法则第二个步骤就释放出了相反方向的能量。

其次是恐惧。

有人设定目标的时候，会担心如果这个目标真的实现了，那岂不是说明宇宙当中冥冥之中有什么未知的力量，这令人感到恐惧。

最后就是无法坚持。

有的人目标比较长远，他试了一下觉得没有什么改变发生，就放弃了；有的人觉得步骤麻烦，就不做了。

这说明你的内在没有真正想要什么，没有真正想要让奇迹、梦想发生，说明你想要的决心还不够。

以上种种情况，都注定了你没有办法完全让你自己去相信。

那么如何才能够让自己相信呢？

相信是发生在我们潜意识里的，而潜意识知道你的一切，它知道你是伪装的还是真的相信。

我们不能用欺骗自己潜意识的方法来达到相信，但是我们仍然有一些策略性的语言和技术，可以帮助我们抵达相信。

第一个方法是语言转化。

比如，你的目标是今年实现 100 万元的收入，但是你觉得这个目标太大了，可能没法完全相信，那你可以改变一种句式为"我已经在实现年薪百万的道路上"。

也就是说，当你没有办法完全相信自己可以达成目标的时候，可以用"我已经在实现什么目标的道路上"这种策略化的语句。

这样表达的时候，你的潜意识比较容易接受，会认为是真的，进而去辅助你相信。

第二个方法是去想象除了你之外，有人会因为你这个目标而受益。

如果你的目标是跟其他人的幸福快乐联系在一起的——比如因为你实现 100 万元年薪的目标，会有很多人因此获益而开心——想象目标达成的时候，有很多亲人、朋友、员工因为你这个目标实现而受益了，他们都很开心，这会大大增强你对目标实现的坚定信念和你实现这个目标的资格感。

接下来我们谈一谈怎样做视觉化。

视觉化是一个非常重要的工作，因为当你谈到自己的目标时，比如你的人生理想是拥有一家上市公司，或者是拥有多少收入，或者是你的孩子如何优秀，你的家庭如何幸福，这些都还只是停留在文字上面，我们必须用一本视觉书来辅助我们去催生、调动、催化我们的情绪。

当你看到一栋大房子或者一家上市公司这些字的时候，它们能调动你的情绪的能力是有限的。

但是如果你去寻找可以表达你未来理想的图片——一个公司的摩天大楼，一个摩拳擦掌的精英团队正在热血奋斗……当你看到这些图的时候，你的情绪会被迅速点燃，高涨起来。这就是图像和文字的区别。

第一步，制作视觉书。

视觉书里会隐藏很多潜意识的信息，其是非逻辑性的。视觉书里面要包含以下因素：

第一部分，目标宣言，也就是你下了个订单。

比如：

我决定在明年拥有一套 150 平方米的房子。

我决定在三个月内销售额超过 100 万元。

我允许自己拥有一个健康的身体。

我允许自己的家庭是快乐、幸福、美满的。

我决定让自己很快乐地看待孩子的成绩。

第二部分，激励图片，也就是能激励你、调动你情绪的图片或者照片。

你可以去网上找，也可以自己亲手绘就，但肯定是跟你的目标相关的。

比如，你决定在明年拥有一套 150 平方米的房子，最简单的做法就是去网站下载一些跟你梦想中的房子类似的图片。是三居还是两居，是跃层还是平层，甚至还可以下载这套房子室内软装的样式，使你看见照片的时候就觉得激动和开心。

第三部分，自己的照片。

你可以把自己的一些照片或者你家人的一些照片，总之，跟这个目标相关的人物的照片都放在视觉书里。

第四部分，激励的话语。

比如，这个话语可以是：我值得拥有最好的生活；每个人都可以成功，我也可以成功；等等。

视觉书可以是手工制作的，也可以是电子版的，形式不限。

第二步，视觉化。

你每天睡前和早起的时候都可以去看视觉书，你不再是简简单单用一个文字的目标去做后面的观想，而是看着这些配有文字的图片，去做后续的观想。

第三步，观想。

通过前面几步，我们已经让自己可以去相信这个目标的达成。当我们看到视觉书以后，觉得非常喜欢这种感觉，非常喜欢这种情绪能量，就可以进入观想了。

还是刚才的例子，你的目标是拥有一套房子，制作了视觉书以后，看到这张图片，你觉得非常开心、愉悦、兴奋，然后你可以闭上眼睛去做观想。

观想你怎样很开心地生活在这套房子里，和你的家人一起幸福、温馨地生活。你可以去看看你每天都在做些什么，你房子内的家具、配饰怎样，每天的饮食起居如何，因为有了这套房子，你家里人的关系有了怎样的改善，等等。这就是观想。

观想的要诀：

第一，安静、专注、静心。你要有一个安静独处的时间和空间。

第二，要有持续的时间。比如至少要有持续几分钟的时间，通过观想让自己沉浸在平稳的情绪里。

第三，观想你进入未来的场景。这点很重要，并不是你如何辛苦奋斗去实现目标，而是你已经直接进入了未来。

我们并不关心怎么获得这个大房子，怎么实现升职，只是观想我们已经达成所愿，先走到未来，进入那个已经达成的状态。

你千万不要观想成你的奋斗史，观想你怎样辛苦积攒工资、奖金，慢慢存钱去买房子。你要直接去观想你已经实现了目标，得到了大房子以后的那个好的状态。

观想最适合在晚上睡觉前进行，这个时候你整个人会比较专注，另外早上起床后也是一个做观想比较好的时候，这个时候你的头脑会比较清醒。合适的时间可以确保吸引力法则的效力达到最大。

第四，注意你的情绪指标。

情绪是一个有形的指标，可以指出我们和内在的关系。你可以通过感受到的情绪，觉察到你头脑里的想法和你的潜意识到底是匹配的还是冲突的。

在吸引力法则的练习中，当你感觉到快乐、舒展时，说明你在一个正确的频率上，你所关注的人和事物就会慢慢向你靠拢；如果你感觉到生气、悲伤、沮丧、紧张，身体有紧缩、恐惧的感觉，那么说明你关注的事情使你远离你之前设定的目标和梦想，有可能你正在吸引一些你并不想要的东西。

另外，情绪指标可以帮助你去检测哪些目标才是你真正想要的。

小林想下个订单，在工作上升职加薪，但是一想到这个目标，心里就别扭，不仅不开心，反而有些痛苦。

仔细想来，自己硕士一毕业，就进入这家知名公司担任现在这个岗位职务，令很多亲人、朋友羡慕和钦佩，但这不是他热爱的工作。

刚毕业的时候，小林想开一家咖啡馆。他在读书期间就考取了咖啡师资格证，对咖啡豆、做咖啡如数家珍，他一闻到咖啡的气味就开心。但是父母听说他这个想法后，一盆冷水浇下来："我们供你读那么多年书，就是让你去当服务员的？"

在大公司里升职加薪，其实是父母的目标，可以让父母高兴、为他感到骄傲，在亲戚中也有面子，但并不是小林真正想要的。

你要留意三种快乐：

第一，下订单的时候，你必须是快乐的。

第二，观想的时候，你也是快乐的。

第三，当你想象你自己已经接收了你的目标，实现了你的目标以后，更是快乐的。

如果运用吸引力法则的时候，你违背了这三种快乐的原则，那肯定是哪里出了问题，可能有些地方需要去调整，比如你需要先去释放你的负面情绪，或者修改你的目标。

所以情绪不对劲的时候，你不要下订单，不要观想，而要先去调整情绪。

第三个步骤：接收。

接收就是让自己调整到未来的频率，使自己处于一种和所要求的东西相一致的频率状态。

如果你想要财富，想变得富有，就必须让自己处于一种富有的状态中；想要一个好伴侣，就必须让自己先进入幸福甜蜜的状态。

其实在第三个步骤的时候，我们并不需要刻意做什么，只需要相信老天自会帮助我们去实现我们的目标。

如果提要求是发射信号，那么接收就是接收信号。你需要打开收听天线，调到正确的频率。

接收的时候，我们需要每时每刻都进入一个好的振频状态，因为你并不知道你想要的什么时候到来。

我们要用正面宣言，用肯定句，用观想，让我们时刻处在一个匹配的频率上。也就是每天让自己处在目标已经完成了的频道上和能量状态里，去等待一切的发生。

如何调整到一个好的状态呢？我们可以多多地使用肯定句和正面宣言。

埃米尔·库埃是法国心理学家、医生、教育家，欧洲心理暗示研究的集大成者，他的很多理论被众多心理学和成功学大师引用。他提出和运用的"心理暗示与自我暗示""安慰剂效应"，治愈了成千上万名患者。

他有一本书《心理暗示力》就是讲述我们如何通过给予自己肯定，用潜意识给予自己力量，去吸引好的事情发生。

很多人都把心理暗示力理解成安慰剂效应，觉得既然是安慰剂效应，说明这个安慰必然是假的、无效的，其实是我们错误地理解了安慰剂效应。病人通过服用糖丸而病情好转，医学上把这种情况定义为"安慰剂效应"。

心理运动学的奠基者威廉姆斯则认为，如果称之为"知觉效应"，会更合适。而《信念的力量》的作者布鲁斯·利普顿称之为"信念效应"。他说："我赞美信念效应，它是身体/心灵治愈能力的一个令人惊叹的证据。然而，传统医学一直把'全在他们心中'的安慰剂效应弃若敝屣，把它看作江湖骗术。最客气的说法，也将它与意志薄弱耳根软的病人相联系。在医学院，安慰剂效应的话题被飞快地搪塞过去，好使学生们能回归到现代医学真正的工具上，如药物和手术。这是个天大的错误。安慰剂效应应该成为医学院学习的一个重要课题。

"……医生不应觉得心灵力量比化学物和解剖刀的力量更低级，不应遗弃心灵力量。他们应当放弃现有的想法，即肉体与其各部分本质上是愚蠢的，我们需要借助外部干涉来维持健康。

"安慰剂威力的一个标示来自美国卫生与公众服务部的一份报告。报告发现，服用药物的严重抑郁病人中，有半数得以康复；与之相对，服用安慰剂的严重抑郁病人中，有三分之二得以康复。

"美国心理学协会主办的《预防和治疗》杂志 2002 年发表了一篇文章《皇帝的新药》。康涅狄格大学的心理学教授欧文·科尔斯发现，从临床试验来判断，抗抑郁剂 80% 的效果都可归功于安慰剂效应。"

所以，我们该如何理解安慰剂效应呢？结论不是说，这是安慰剂，这是一种安慰，这是一种心理的自我欺骗，因此没有用，还是去吃药吧。这里明显忽略了一个事实，通过心理的调整，没有吃药，状态也改变了，难道这种方式不应该被应用吗？

当心灵改变，它绝对会影响你的生理！

安慰剂效应证明了心灵的力量是有奇效的！

因此，我们要了解自己内在正向的和负向的精神力量。并且通过肯定句和正面宣言可以替换你过去持有的一些消极、负面的信念，帮助你建立新的积极、正面的信念，让你能够相信发生在自己身上的奇迹。

换句话讲，你给自己怎样的暗示，你就会形成怎样的能量、气场，就会成就你怎样的未来。

把肯定句变成正面宣言宣示出来，是你对外界、对宇宙的宣称，是你觉得自己有资格去获得。当你宣示的时候，它本身就会给你带来能量和力量，让你更加相信。

综上所言，吸引力法则最基础的就是这三步——要求、相信、接收，然后你就可以等待着你的礼物的到来，就这么简单。

神秘的"第四步骤"
——释放欲望带来的感受和欲望本身

传统的吸引力法则就是上文所说的"三步走",但在我们这本书里,增加了一个步骤——"释放欲望"。

在"要求"之后,亦即发射出了你的命令、目标之后,增加两次释放。

两次释放的意义何在?

第一次,释放目标带来的匮乏感、紧张感、恐惧感等负面能量,消减你进入目标状态的阻碍。

也就是说,当你想到一个目标以后,你还没有处在你最好的状态,所以你需要把差的状态释放掉。

第一次释放就是去感受你有了这个目标以后,内在的各种不舒服、不相信的信念或者情绪、感觉,然后释放它。

第二次释放则是释放欲望本身。我们之前说过,欲望会带来内在的匮乏感,所以我们需要把这个欲望释放掉,我们要着重释放的是对这个目标的控制。

第四步骤中达成两次释放,我们在这里参考使用的是莱斯特设计的三重欢迎释放法,我把它做了一些改良。在介绍之前,我们先了解一下释放法的原理。

当我们的头脑里空无一物的时候,或者说我们的头脑里没有任何意愿和目标的时候,其实也没有任何阻碍、抗拒。但是一旦我们有了想要的东西,有了念头,那些阻碍、抗拒的力量就会应运而生。

三重欢迎释放法,顾名思义,就是我们需要去欢迎它们三次。在三个不同的层面欢迎三次,其实也就是在三个不同的层面释放三次。

如果你的头脑里有了一个目标,那么这个目标对你而言直接产生的,是想法、情绪、信念、记忆、事件等各种体验,也就是对这个目标的体验。我们首先要对它们说欢迎,再对它们去做释放。

比如你今年的目标是要赚 100 万元,当你有了这个目标以后,体验一下你身体和你心里的感受、情绪。

你产生了怎样一些不好的感受呢?(好的感受不用去释放它们)可能觉得不相信,情绪上觉得很迷茫,身体上很紧张。

这就是对这个目标所产生的第一层感受。

所以,第一层欢迎就是对目标的体验。体验就是你想到这个目标的时候,有怎样的想法、怎样的情绪、怎样的念头、怎样的记忆,都算你的体验。

第二层的欢迎自然要再上一层楼,那就是对体验的体验。

比如说,你生病了,你的目标是要健康,你的体验是怀疑、紧张、恐惧。

你要问自己第二个问题:对这些怀疑、紧张、恐惧的体验有怎样的体验，有什么想法和情绪？

你可以这样捋清楚：我的身体生病了，我想要健康，我体验到的第一层是怀疑、紧张、恐惧。当我想到目标是健康，我居然对这个目标怀疑、紧张、恐惧的时候，我感觉到很气愤，觉得自己很没用！

当然，这只是一个个体的假设，具体的体验根据每个个体各有不同。

这就是第二层体验，对体验的体验。就是当你想到你很焦虑的时候，想到你很悲伤的时候，你仿佛看见自己很焦虑、很悲伤。这个时候你的心里有着怎样的想法，有可能你会觉得很着急、很无助、很生气等等。

在这一层里面，像是对前面一层的一个评价、一些批判。

对体验的体验就像自己是对自己的一个评判者、批判者一样。

这就是第二层的体验，也是需要去欢迎和释放的。

第三层体验是体验背后所代表的我们身份的认同。

还是上面的例子，你生病了，目标是健康，第一层的情绪感受是紧张、焦虑、怀疑。

第二层的体验是对这种紧张、焦虑、怀疑的情绪感到很生气，觉得自己很没用，怎么可以这样。

然后你问自己："当我陷在这两层体验、两种状况里面时，我像一个怎样的人？"

你可能会想说："我觉得这时候自己就像一个很绝望的人想抓住一根救命稻草一样。"

你给自己打了个比方，就是一个很好的身份隐喻，这就是第三层的体验。

当我们要去释放的时候，有些东西在潜意识里是很难用语言去表达清楚的，因此我们可以用一个比喻来描述自己前面两种状态的形象，比如说像一个受伤的小孩，像一个蹒跚的老人，等等。通过这种比喻，可以绕开头脑当中还没有被发掘出来的不够精准的那些含义或指代。

身份是理解层次里面相对较高的一层，身份隐含了很多与内在潜意识相关的信息，所以第三层是释放形容自己的身份标签。

很多时候，我们想要清理掉一个念头却不奏效，那是因为我们清理的层次太浅了。但是在三重欢迎里面，释放和清理要比其他的方法深很多。

它分别清理掉了：我们对这个目标直接产生的感受、体验；对这个感受、体验后面的感受、体验，也就是一个批判者、一个评判者的角色，对这种体验的抗拒；我们自己身处的这种能量底下的状态和身份的认同，也释放掉了。

♪ 更新后的吸引力法则的完整流程

增加了强烈的三重欢迎释放法后的吸引力法则，它的步骤变成：

第一步，要求。

第二步，两次释放。

第一次释放是释放目标所带来的那些怀疑、紧张、恐惧等负面能量；第二次释放是释放欲望本身，也就是释放对目标的控制。

第三步，相信。

第四步，接收。

这就是吸引力法则真正的完整流程。

为了帮助大家更好地了解如何按步骤使用吸引力法则，我们来详解一个完整的吸引力法则的例子。

假定，我有一个目标，是"我在三个月内吸引到一个完美伴侣"。

这是第一步，我们有目标和订单。

在之前我们讲过，定目标、下订单的时候，要有一个独处的空间，良好的状态，能够把订单里的内容写下来或者画出来，能够让自己想象看见这个目标。

所以，在你做第一步的时候，你可以在一个宁静的独处空间里面，把自己调整到一个比较轻松、愉快的状态。你可以画出自己的目标——有一个完美伴侣和你在一起，你看到这个画面的时候，你的内心十分愉快。

第二步，去做两次三重欢迎的释放。

第一次释放的时候，你可以去想象，当你提到这个"三个月内吸引到一个完美伴侣"的目标的时候，你有没有一些负面感受？有可能你会感觉到很丢脸、好羞耻，或者感觉不可能实现。

然后打开你的双手，对这些感受说"欢迎"，欢迎这些感受来到你面前的空间。你欢迎它们，但是并不抓取它们，你只是觉得这是你身体产生的一些能量而已，它们可以来，也可以走。

你可以问自己："对这些丢脸、羞耻、没有可能的感觉，对这样的一个自己，有怎样的感受呢？"你可能会说："我觉得很无奈、很悲伤，我可能找不到完美伴侣了。"

同样，打开双手，做个深呼吸，对这个无奈和悲伤说"欢迎"。当你深呼吸的时候，想象你释放掉无奈和悲伤。

然后你可以问自己："感受到这些的时候，你觉得自己是什么样的一种状态？"你可能会觉得自己像个丑小鸭一样，没有人会喜欢你。

打开双手，在你眼前的空间去想象自己像个丑小鸭的角色，对它说"欢迎"。

抱持着这个空间，允许前面所有的丢脸、羞耻、无奈、悲伤、丑小鸭的这种感觉、这种能量，一起浮现在你眼前的空间里。

　　然后做一个缓慢的深呼吸，告诉自己："我有很多能量涌现出来，欢迎你们全部。"

　　做个深呼吸，然后把它们全部释放掉。

　　这是第一次释放。

　　接下来去做对欲望本身的释放。

　　你看见自己对想要得到一个完美伴侣的执着，你认为自己必须有个完美伴侣。

　　你看见你对这个目标执着背后隐藏的匮乏感，因为你觉得如果没有一个伴侣，你的生活会不完美；因为你觉得只有这个目标实现了，你才会快乐。

　　当你想到这个"必须做到"的目标时，你的感受是什么？你可能感受到深深的执着与幻想，你对这种执着和幻想说"欢迎你们"。

　　你问自己："对一个很执着、有幻想的我，感觉到什么？"有可能你会感觉到很沉重，会觉得自己做不到，然后你对这些沉重和做不到说"欢迎"。

　　你还可以问自己："我的执着、幻想，我觉得做不到，这时候的自己像什么呢？"你可能会觉得自己像巫师、巫婆。你同样对这种感受说"欢迎"。

　　接下来你可以打开双手，抱持一个空间，欢迎这些期待、渴望，欢迎这些做不到和沉重，欢迎这种巫师、巫婆的感觉，让这些能量都来到你眼前的空间，你只是告诉自己："我有那么多的能量涌现在这里，欢迎你们所有的一切，你们是被允许出现的。"然后你做个深呼吸，把这一切都释放掉。

经过这两次释放之后，接下来就是第三个步骤——相信。

你可以每天去用你的视觉书做观想。每天去看你的视觉书，然后进入好的画面，你可以感觉到你和你的完美伴侣很轻松、很愉快地在一起。

经过两次三重欢迎的释放以后，当你去观想这个画面时，你感觉到非常愉快，内在并没有那些阻碍，也没有那些目标所带来的匮乏感。

同时为了配合你自己能够更进一步地做到相信，你仍然可以用那句话——"虽然我不清楚宇宙是如何实现这些的，但我已经在找到我自己完美伴侣的道路上了"。

然后你很轻松、很愉悦地去观想他，非常坚定地相信你的完美伴侣正在来到你身边的路上。由于你已经做过几次释放，所以你是如此确信他会到来，以至于这种确信都不需要你去花费力气，因为你相信它已经实现了。

接下来的第四步，就是接收。你很平和地去接收。

你每天都可以用肯定句来告诉自己，你说"我很美，很有气质"，"我充满了魅力，我爱我自己"，"其他人也会被我的魅力所吸引"，"我的意中人正在找寻我"，"我有资格获得最美好的情感"，"我值得拥有幸福快乐的人生"。

同样，你还可以每天运用感恩。你感谢生命当中出现的每一个人，感恩那些帮助过你的人，感恩曾经爱过你的人，感恩每一个你所爱过的人，他们都是宇宙给予你最好的礼物，所以你可以让自己随时生活在一种幸福快乐和魅力当中。

如果你还记得祈祷词，你仍然可以说："我亲爱的宇宙，我决定找到自己的完美伴侣，因为我决定让自己拥有一段很幸福、

很快乐的感情，感谢你为我移除阻碍这件事的信念或模式，并且以你认为对我最好的方式来成全这份感情。"

这就是一个完整的流程。

如果你没有办法完全领会吸引力法则的精髓，你有可能只是去照搬这些步骤，那么有可能这些步骤卡在那里或在那里不灵，你并没有办法去感受它们，没有办法去调整它们。相反，如果你能够从头到尾地去仔细理解每一个细节，你会发现你慢慢地运用这些法则的时候，会非常轻松，游刃有余。

第三部分

如何增强
吸引力法则的效果

吸引　自己　的　奇迹

用感恩和赞美来催化

为什么感恩和赞美能够催化吸引力法则的实现？为什么感恩会把最大的丰盛带到我们的生命当中？这是因为根据吸引力法则的原理，我们自己的状态决定了我们吸引来怎样的东西。

感恩是一个"我已经拥有足够多东西"的状态，是一个快乐的状态。我们去感恩，是因为我们已经拥有很多，我们非常感谢获得这么多，所以我们常怀感恩之心。

无论你实际上拥有的是多少，当你去表达感恩的时候，你内在的状态都是富足的。当你的内在感觉自己已经拥有足够多的时候，反而会吸引来更多。

在欲望的状态下我们想要去拥有更多，但最终释放出来的是匮乏感。感恩和欲望恰恰相反。在感恩的状态中，我们先达到想要实现的最终状态。我们并没有匮乏感，我们处于最自然、最放松的一种接收状态，我们觉得自己很富足，同时我们吸引来的也是富足。

这就达到了我们前面讲的悖论所要求的那种状态，就是你放下自己的渴望和需求的时候，你就会拥有。所以一旦你对自己已经拥有的事物有了感恩之情，你就会吸引更多美好的、可以让你感恩的事物。

但是很多人找不出任何可以去感恩、感谢的事物，这说明他们将自己牢牢捆绑在一种匮乏、憎恨、不足够的能量里。

丽丽工作这几年连连受挫，先是薪水始终不涨，跳槽后遭遇公司倒闭，兼职的劳务费总是讨要不到，借给朋友的钱屡催不还，家里父母生病、出车祸还等着她救急，种种打击让丽丽对自己的人生产生怀疑和否定。她觉得自己遭受的困苦太多了，提起来就是满腹抱怨、憎恨，实在不知道有什么可感恩的。

事实上，丽丽首先可以感恩的，就是那些没有损及她的根本却让她更坚强的挫折和打击。只有当她真正这样去做的时候，才能从这些看上去不好的事情里面吸收到养分和力量。通过感恩，丽丽可以跟自己的潜意识配合到最好，告诉自己："现在已经是最困难、最痛苦的时候了，已经是我最差的时候了，所以接下来我每走一步都会变得更好。每个人都会经历这样痛苦的时期，我也会，所以每一个痛苦都会给我力量，我感谢你们。再多的困境和困难，我都可以挺起胸膛，自信面对，这才是真正的力量，因此我感谢你们。"

其次，丽丽可以感恩，在这样的艰难困苦中，那些对她不离不弃的人，比如她的老公始终任劳任怨地维持这个家庭，帮助丽丽照顾岳父岳母，一些朋友也及时伸出援助之手。

最后，她可以感恩自己的身体，为她承受了这么多压力和挑战；可以感恩自己的房屋、金钱；感恩陌生人不经意间为她做的事情；等等。

如果你没有办法去感恩你目前已经拥有的事物，你就不可能为你的生命带来更多的东西。因为当你没有感恩之情的时候，无论你释放的是嫉妒、愤怒、不满还是匮乏的能量，无论它们是有道理的还是没有道理的，它们只会很忠诚地把你不想要的这些感受给你带回来。

当丽丽开始感恩现在所拥有的，开始想着生命中一切值得感恩的东西时，丽丽惊讶地发现，能让她感恩的事情竟然多到数不完。

所以，感恩是一门功课，我们要勤加练习，吸引力法则也会接收到这些感恩的思想，并为我们带来更多类似的事物。

奥南朵是全球具有影响力和启发性的成功女性之一，有一次碰到她的时候，我向她请教："你觉得对你的人生而言什么最有帮助？"她的答案令我惊讶，她说对她帮助最大的其实就是感恩。

我本以为会是复杂的、高效的某种技艺或才能，但是从她的嘴里表达出来的仅仅是对生活、对所拥有的一切的感恩。

那么，我们去感恩和赞美什么呢？

第一，我们要去感恩的就是生活中已经有的人和事情。

比如曾经帮助过你的人，你的亲人，你的伴侣，你的朋友，甚至你的敌人，你遭遇过的困难，同时我们要感恩宇宙给予我们的很多好运气和很多困难。

感恩善待，很好理解，但那些曾经对我们不好的人，那些歧视与偏见，那些奸佞小人，为什么还要感恩呢？

有句话说，那些打不倒我们的，都使我们更强大。

仔细想来，其实生活中遇到的每个人都是可以感恩的。通过一些经历，有些人帮助你看清事实。欺负过你的人，让你觉醒，并让你变得强大。曾经鄙视你、取笑你的人，让你发愤图强，开始出人头地。不堪的经历让你决定改变自己，发挥自己的主动权，进而掌控自己的命运。

第二，我们可以去感恩自己的生命、宇宙、空气、山川河流、动植物等一切事物。

日升日落，云卷云舒，当你开始去感恩平时习以为常的世间万物时，你才会真正感觉到自己是一个很不容易的、独特的生命。这个渺小的生命可以在浩瀚的宇宙中、硕大的地球上生存，如此不可思议的生命，经历岁月流转，化渺小为神奇，你会更加珍爱每一个生命体。

当你非常认真地去感恩宇宙万物的时候，你的能量会更大，你的能量会跟整个宇宙的万物联结在一起。

第三，就是去感恩、赞美我们自己。

去感恩我们自己的努力，去赞美我们的独特，去表达对自己的欣赏和热爱。

感恩和赞美之所以能帮助我们提升吸引力法则的效果，是因为感恩和赞美可以转化批评和抱怨。

批评会以一种隐蔽的方式渗透到我们的思维里，比如今天下雨好烦，地上有个水坑，溅了你一身的水真讨厌；电梯里怎么这么挤，每一层都会停真倒霉；出租车司机一路骂骂咧咧还绕路真是太差劲了；老板天天叫我们加班真是压榨人……这些可能的确都是事实，但每个都在分散你的吸引能量。

每当你抱怨、发牢骚、焦虑不安、愤怒的时候，你马上要留意到这个现象，然后赶紧用感恩和赞美去转化它。

小新早上去上班，刚出门就踩到了一坨狗屎，小新气急败坏，张口便骂："shit!（该死！）真倒霉！"愤怒暴躁的情绪一出来，小新就意识到了，马上开始转念："谢天谢地人没事，人要是摔个嘴啃泥就坏了；还好这狗屎是干的，比较好处理；而且刚出门就踩到了，还能回家换一双。"小新看了看表，时间还来得及，于是带着感恩的心情回去换鞋。

上班的路上，小新的车子又被追尾了，早上踩到狗屎的心情又被勾起来："怎么这么不顺！一小时不到就碰到这么多破事！这下肯定迟到了！"所幸小新又迅速发现自己的情绪不对，立马开始用感恩和赞美转化。

看到车子的剐蹭情况轻微，小新想："谢天谢地，人没事，车子损伤也不严重。"从后车下来的司机师傅还挺和善，又是递水又是道歉，主动担责。交警来得也很迅速，很快就把事故处理得差不多了。小新更加感恩："太感谢了，都是负责任的人，没有遇到泼皮无赖，而且我之前也买了保险，真是太棒了。"

如果你真的想要去感恩和赞美，你总能找出千万条理由。

这个练习很简单，那就是你早上醒来一睁开眼，看到什么你就夸什么。

比如你看到床边的水杯，就开始夸："哇，这个杯子真的很棒！我第一次这么认真地看你，曾有人那么认真地把你生产出来，你有着漂亮的颜色和花纹，而且保温的效果也很好，陪伴了我这么久还跟新的一样！"当你走进书房看到电脑，你也可以去夸这台电脑的系统稳定，上网速度快，散热好。

一推开门，你就可以去赞美天气、空气、太阳、云朵，赞美你要开的车、骑的车、乘的车，到了单位你可以去赞美工作。

强力赞美就是你去赞美所有一切你看见的东西。

对于别人对你的贡献，给予你的东西，你都可以感恩。

强效感恩，是你一起床就可以对生命中的一切去做感恩。

你可以感恩你的身体，感恩你的器官，感恩你的呼吸和心跳，感恩你的身体一直在努力工作，支撑着你。

感恩你的生命中有人关心你、扶持你，可能有人会帮你做早饭，有人提醒你记得喝水，有人来接送你上下班，有人清扫了大街，有人维护着你生活的社会的安宁……你需要去感恩有那么多人在为你兢兢业业地服务。

其实，无论是强力赞美还是强效感恩，当你这么做的时候，你就是在强有力地创造你这一天的事物，你就是在设定你一天的频率，并且宣告这一天你想要经历、度过的方式。

一天之中你刚起床就开始设定的状态是非常重要的，千万不要让你爬起来以后，以一种很颓废、很沮丧的心情走出家门。

你可以试着给自己做一个打分评估。感恩、抱怨是截然相反的状态，-10分代表极度的抱怨，10分代表极度的感恩，那么在日常生活中，你是处在哪一个分位值呢？

如果你的分数很低，也就1、2分或者是负的分数，就是在提醒你，你需要做强效感恩、疯狂赞美这些练习。

我有个朋友，她的爸妈都是老实巴交的人，对外人很真诚，很讲道义。尤其是她的妈妈，对街坊邻居是能帮尽帮，哪怕自己家的东西不够用，外人来借也总是先尽着别人使用；别人问路，她妈妈能给人指路送到家；有流浪汉路过她家门口，她妈妈会把自己家都舍不得吃的食物送给流浪汉吃；邻居来串门聊天，她妈妈宁可放下手中的活儿也要像个捧哏一样陪人聊天、解闷。所有认识她妈妈的人，都说她妈妈是一个大好人。

但是，她妈妈对身边最亲近的人却不是很好。平时她爸爸做事出了一点纰漏，她妈妈都要刻薄地责骂很久，甚至翻出陈年旧账让她爸爸下不来台，还经常在家里指桑骂槐，觉得她爸爸这也不好那也不好，处处不如人；她妈妈对她也很没耐心，朋友上学时有不懂的问题回来问家长，她妈妈就讽刺说："你上课干吗去了，怎么别人都会你不会？"

如果她妈妈可以意识到自己的问题，就可以先从感恩练习做起。她妈妈可以先从每天去感谢自己的伴侣、孩子开始。

有的人看到的永远是社会的阴暗面，永远觉得社会不好、文化不好、风气不好，他需要做的是另外一个层面的感恩——感恩更大的环境，感恩支撑和养育我们的这些风土人情。

当你越来越频繁地说出感恩和赞美，你的收获就会越来越多。

功 课

强效感恩练习

　　早起的第一件事，是在纸上列出感恩项，列出生命中值得感恩的事物和人。可以每天不断地添加自己获得的恩福。

例如：

* 我十分感恩金钱，因为它为我每一天的交易带来便捷，谢谢。

* 我十分感恩我的父母，因为他们为我带来了生命，谢谢，你们做得已经足够多了！

* 我感恩我的身体，那么多年支撑着我，谢谢，有你真好。

* 我感恩今天的阳光，那么灿烂，谢谢，多美的风景。

* 我感恩生命又多给了我一天，谢谢，活着真好。

* 我感恩堵在路上吵架的人，谢谢，你们让我明白我的状态是幸福的。

* 我感恩背叛我的那个人，谢谢，曾经那个不丰盛的你，也给了我那么多的真情。

☾ 处理没有资格和不配得感

没有资格和不配得感，其实是一种对自己身份很深的歧视。这种歧视最初的来源可能是别人针对了你，但最终是你自己对自己做了身份的认同，默认自己没有权利、没有资格去获得更好的东西、过更好的生活。

限制性信念分为没有可能、没有能力和没有资格，没有资格要比没有可能和没有能力更深，没有资格和不配得感是限制性信念里面最深的一种。

处在没有资格、不配得到的状态，你最容易获得的就是失败、挫折、被忽视、不公平。甚至明明是你自己可以接近的资源，可以给你的成功带来帮助的人，你却刻意远离他、逃避他，只因你觉得自己没有资格。你对自己的信心非常脆弱，接触能量更大的人会让你感到压力大、不舒服，所以你会远离他们。

有一个学员有一次聊起他考驾照的事，因为他从小到大的大大小小的考试，总会有些许问题，比如考低分、考不及格、发挥失常等等，然后还会引起家长和老师的一系列指责。所以那次考驾照的时候，他很害怕自己考不过。

同时因为他已经学了我的一些课程，所以他的觉察力还是有一些的，他觉察到他的脑子里有一个声音在对他说："你不配一次性通过。"他一下子就蒙了，同时也隐约感觉到，在过去的人生中，一直有类似的声音在他的脑海里萦绕："你不配有幸福的生活""你总要经历各种磨难""你的能力实在差劲"。

于是他回想往事，想起他很小的时候，因为出身农村，有些同学歧视他、嘲笑他，不愿意跟他一起玩，老师也不怎么重视他。甚至有不良的老师当面表示讨厌他，说他家里穷还脑子笨，学习特别差。

群体对一个小孩子的歧视，对那个孩子来说是心灵的灭顶之灾。这个孩子因此产生了深深的自我怀疑，他觉得自己着实差劲，没有资格和群体一样，是比他们更低等的人，天生就该被瞧不起。

这件事情已经内化为身心的一部分。所以每当这个学员遇到类似的事情，那个固化的声音就会跳出来，不停地暗示他"很差劲""不配""不可能""做不到"。

这就是一种典型的没有资格和不配得的限制性信念，它深深地扎根在心底。

所以我们需要给自己的内在做一个革命，把这种感觉洗刷掉。

我们之前也讲过，这种没有资格和不配得感只是我们自己形成的一种限制性想法而已。我们需要把我们的限制性信念外化，我们需要去看见它，把它拿出来，然后把它给释放掉。

重建我们的资格感，可以做下面几个功课练习：

一是重塑资格感。

这个练习比较容易，找到一个你觉得自己没有资格、不配得的信念，比如你觉得自己没有资格成功，没有资格吸引很多财富，没有资格获得一桩好婚姻，等等。

先找到这个没有资格感的信念，比如你觉得自己没有资格成功，再用你的两只手互相敲打小肠经（小肠经在你的手刀点），想象你像空手道劈一块木板一样，两只手的手刀点相互敲击，同时说："我可以成功，我有能力得到成功，我有资格成功，我的爸爸允许我成功，我的妈妈允许我成功，我的祖先允许我成功。"然后闭上眼睛，做个深呼吸，让新的信念融入你的内在，去感觉其实你是完全被允许成功的。

之后再来两轮，一共做三轮，让新的信念融入你的内在。

二是渐进式引导强化资格感。

找来一张纸，在纸的最上端写下你想要的东西，比如说"我一年要赚到 1000 万元"。

在写好的主题下方，写下想要这个东西的原因。

你可能会想："我想要这个 1000 万元的原因是我可以有快乐的生活，我可以和家人很幸福地生活在一起。我想要的原因是我可以去追求我的梦想，去做我喜欢做的事，去帮助更多的人，去把我自己想要去实现的东西给予更多的人。"

无须纠结你的语法、字词，想到什么就写什么，它会强化你的资格感。

把纸翻过来，在背面的最上方写道："根据以下理由，我相信我会得到这个东西。"

你可以写：

"根据以下理由，我相信我会赚到 1000 万元。

"第一，每个人都可以通过自己的努力赚到钱。

"第二，我爱钱，钱也爱我，只要我相信，我当然可以得到，所有的资源都会向我聚集。

"宇宙是神奇的，我赚 1000 万元对宇宙而言是个小事。

"已经有无数的人实现了赚 1000 万元这个目标，这个目标很普通，很正常。我相信要赚到 1000 万元只需要去吸引相应的资源和方法而已，非常容易。"

同样，无须刻意考虑语法、语序，想到什么写下什么就可以。

这张纸的正面强化的是你想要的东西，讲的是想要这个东西的原因；纸的背面强化的是你即将拥有这个东西的信念，也就是可行性。

此外，重建我们的资格感，你还可以去做一些接受父母的功课。当你接受生命、接受父母的时候，你从生命源头上就觉得非常有力量。你会觉得你的生命是被允许、被祝福、被肯定、被看见的，仿佛你的内在从生命一开始就获得了很多的爱、祝福和资格。

网上或我其他的书里，都有很多关于疗愈原生家庭的课，你可以自己去找那些课程练习，也可以进入下一节关于家庭系统的相关学习。

☽ 解除家庭系统中匮乏动力的制约

有的人，个人的成长经历没有太大问题，但总感觉被什么东西牵引、拖累，仿佛有股神秘的力量在左右他，让他去重复同样的命运。

有的人会反复跳槽，或者做生意反复失败。

有的人总是找同类型的妻子或丈夫，婚姻总是有类似的问题。

有的人经常会出现同样的莫名情绪，莫名的愤怒、悲伤、焦虑等等。

这些情况很可能都是跟我们的家庭系统相关的，因为除了我们自己的个人经历之外，我们的家庭系统也在很大程度上影响着我们。

每个家庭系统都有非常强的内在联结，不管家庭成员表面上如何，是否能够感觉到这个联结的存在，其在这个系统或者说集体潜意识的层面，都发挥着很强大的作用。

表面上看，家庭成员之间的联结不容易被看见、被观察到，实质上，人会持续被家庭成员（包括很久远的先祖）的命运、家人的行为和他们的感受所影响，并且这些关联性和相似性是超越我们的想象的。

家庭系统排列证明了我们跟家庭成员——不管是在世的，还是过世的成员——都有非常紧密的能量联结。

我们想用吸引力法则去催化一些事情的发生，就不得不关注家庭系统的动力拉扯，这一环是绕不过去的关键。

德国知名心理医师波图·乌沙莫曾经在他的书中讲过一个故事。

有位医生经常会碰到各种各样的问题，于是他去调查了自己的家族历史。他发现，他很敬爱的爷爷在二战结束以后没有办法回到原来的职业，只能四处奔波，做一些三流演员做的工作，令整个家庭都觉得很羞耻。

而这位医生自己的问题就是，当他租赁了一间崭新的办公室，想要开始营业、开始投入工作的时候，他的情绪就会变得非常低落，瞬间丧失了所有的自信。那种心情就好像是，如果这位医生要去吸引成功、享有成功，就是对他的家族成员不忠诚的表现。

在这里面，对系统成员的忠诚和想要去催化吸引某些事情的意识产生了一种冲突。所以他吸引来了以后，并不一定会快乐，或者是吸引来的反而是让他更加痛苦的东西。

家庭系统动力的常见牵引和影响：

第一种，出于忠诚，我们想和某些人的命运一样。

我们总会去重复家庭系统中一些相似的事情，甚至厄运。

举个简单的例子，一个人的父母生活得非常辛苦，那么出于内在无意识的忠诚，身为孩子的这个人就很想要和父母一样，也承担同样的命运。

这种想法的逻辑是，如果父母过得非常辛苦，而你却可以很轻松地去获得很多财富和快乐，那就是对父母的一种背叛，你会感觉到压力，甚至有罪恶感。

当你没办法释放这种动力的时候，你就没办法吸引来真正好的东西。

帆帆很小的时候，因为父亲有了外遇，父母离婚，她跟着母亲一起生活。目睹了母亲被小三欺负、被父亲打骂、独自一人辛苦工作供养她上学，帆帆很心疼母亲，她忠诚于母爱，因此也深恨自己的父亲。

事实上，虽然父亲在感情问题上是个渣男，但对女儿帆帆还是很好的，不仅按时给抚养费，还经常过问帆帆的饮食起居、身体状况，对帆帆的升学、择业都尽到了父亲的责任。

多年以后，帆帆成家立业，步入婚姻殿堂，她把自己和丈夫的角色跟她母亲和父亲的角色进行一个投射。也就是她把她母亲对父亲的恨，投射在她丈夫的身上，时时对她丈夫释放着怀疑和憎恨的能量，使得婚姻生活越来越紧张、乏味、不幸福。

我们研究家庭系统的动力，是想回溯那个能量释放的源头，去看一看什么东西出了问题需要调整。

波图·乌沙莫还讲过一个故事。

托马斯和他的女朋友坠入爱河，两个年轻人深爱着彼此。他们也有一个共同的地方，就是他们都来自一个破碎的家庭。

他们在很小的年纪就结婚了，结婚以后却开始出现各种各样的状况。他们开始相互伤害，对彼此失望，有了两个孩子以后，情况越来越糟糕，最后他们决定结束婚姻关系。

　　按道理来说，他们两个人都很渴望拥有一个幸福的家庭，但是，一种不能让对方开心的力量深深地攥住了他们。这个力量超越了他们意识当中那个吸引一个幸福家庭的力量，更像是背后潜意识当中的一个黑手，一个劲地往下拉扯着他们。

　　其根本原因是，他们都无条件地深爱着各自的父母，深深地跟他们各自的原生家庭和父母联结在一起。所以当他们跟各自的父母表现出一样的命运的时候，好像这种爱就被满足了。

　　对托马斯夫妇来说，他们的父母生活得很不开心，在婚姻里有很大的挫败感和痛苦，所以如果他们小两口开心满足地生活在一起，好像就是背叛了他们的父母一样，好像失去了和他们父母的联结，他们的潜意识、他们的本能就会非常抗拒。脑子里希望的是婚姻幸福、家庭美满，但那些无意识地对父亲和母亲，对家族成员的忠诚会把他们向相反的方向牵引。

　　你可以看看你自己，你的财富、你的婚姻、你的情绪、你的行为模式、你的成功和失败，跟你家庭里的谁比较相似。

　　我记得在我系统排列的工作坊曾经做过一个个案，有一个案主，他本人是很开朗的，但他经常会遇到一些稀奇古怪的事情，仿佛他的人生、他的事业总是做到一定程度，就有个坎过不去，好像哪些地方没理顺一样。

　　后来我发现，是因为他的父母曾经生了一对龙凤胎，刚生下来没多久就过世了。他出于对他哥哥和姐姐的忠诚，有一个动力始终在牵引、拉扯着他，让他觉得，他的哥哥和姐姐都没有留在这个世界上，凭什么他有资格留在这个世界上幸福快乐地生活，享受美满的人生。

　　可想而知，被这样的动力牵引，你又如何能为自己吸引来美满、幸福、快乐的东西？

第二种，我们想要替代某人去承担一些能量包袱。

比第一种情况稍微轻一点，我们不想重复一模一样的命运，我们只是想要帮忙承担他的一些能量包袱。

亚东从工作后就一直给家里寄钱，父母有什么事都会打电话给他，他能远程处理就远程处理，不能就请假回家一趟。看到父母住的老房子十分破旧，他就出钱翻新，不惜挪用自己攒了多年的、想要购房的首付款。

亚东因此自己过得比较辛苦，但他不以为意。他说他父亲小时候太苦了，在兄弟中排行中间不受宠，小时候被哥哥指使干活儿，长大后还要帮父母为弟弟攒钱娶媳妇，致使过度劳累弄出了一身的病痛。

父亲太辛苦了，以至于亚东也想要去承担一些重担和责任。出于对父母的爱，或者孩子对家庭成员的某种联结，亚东觉得自己多承担一些，父亲就可以轻松一点，这样的话亚东的心里也好受一点。

第三种，我们想要去替代某些人的角色。

在家庭关系中，我们觉得那个人不配在他所处的位置上，想要替代他的角色，替他做本该他做的事情。

著名社会学家上野千鹤子曾在她的书里提到"未成年照顾者"，说的是迫于生活压力，过早承担家庭重担，甚至要反过来照顾成年家人的未成年孩子。

有个 13 岁的女孩，每天要花两三个小时做家务，小小年纪已经为患有糖尿病的父亲打针超过两年；有个 10 岁的女孩，每日要照顾患病的母亲，喂水喂饭还要协助洗澡。有的未成年人则由于父母没有承担该有的责任，比如父亲酗酒、无业，只知道跟家里要钱，打骂妻子，儿女觉得他没有资格做父亲，所以来替他照顾母亲、兄弟姐妹，仿佛子女比父母更有资格站在其位置上。

很多时候是那些长子、长女容易去打破这个序位，想要替父母去做很多东西。

当你越过了序位，想要去替代对方，尤其是替代比你先来的那些人去承担一些东西的时候，其实你已经在无意识地吸引那些重担、苦难，吸引太多的责任、压力到你身上。

第四种，我们想要去拯救某些人。

比如，我看不得父母受苦，我想去改变他们的命运，我所做的一切努力都是为了让他们能够快乐、幸福，我要拯救他们。

当你这样做的时候，你就像跟命运抗争的烈士一样，而且是跟你父母的命运去抗争。

当你去拯救某些人的时候，首先，你已经越过了这个序位，踏进了别人的命运。其次，你去做那些事情时就像是一个烈士，你吸引来的东西也是烈士该要去承担的东西。

第五种，内疚、罪恶感。

比如说你曾经伤害过某些人，愧对某些人，获得与付出之间不平衡，你犯过一些错误，等等，这些都是内疚的动力。

这种情况下，当你去做吸引力法则的时候，因为你觉得自己曾经是犯下罪恶的坏人，那么怎么可以让轻松、快乐、美满的东西以及财富降临到你的身上呢？这就是因为你的内疚和罪恶感没有办法平衡。

不论你处在上述哪种动力里，当你的吸引力法则触碰到这些情况时，它都很难起到作用。

家庭系统的匮乏动力是如此强烈，所以它是必须去处理的一环。解除了这个负向的牵扯动力，才能真正让吸引力法则起到作用。

真真很想要吸引一个美满的婚姻关系。在她很小的时候，父母就离婚了，她的母亲独自一人把她带大，没人帮衬，非常辛苦。

所以表面上看，真真想吸引一段美满的关系，但是当她真正这么做的时候，她的内在又觉得背叛了她的母亲。

当她跟她的丈夫、孩子每天同进同出，一起快乐游玩，一起宅家玩耍，很快乐、美满地生活在一起时，她就会想起她母亲的悲伤往事，仿佛她的母亲更可怜了。

当排列师把她的家庭排列出来以后，她呈现的是她非常同情她不幸福的母亲。她时常想要表达："妈妈，我的生活跟你的一样不快乐，这是一种爱的联结。"她用一种深深的不快乐想要和她的母亲忠诚地联结在一起。

家庭系统的这些负向动力隐藏很深，却非常强大，甚至于会影响生死健康，更不用说吸引金钱、感情，所以我们必须去做清理。

清理家庭系统的匮乏动力分为四步：

第一步是看见。

看看你在重复谁的命运，你站在谁的位置上，你为什么想要做这些，你被怎样的动力牵引着。

如果你经常有些莫名的情绪，你自己的人生又没有经历过很严重的、引起这些情绪的事件，你可以问问自己，你经常有的这些情绪像是谁的，或者这些情绪最应该是谁的。

比如你经常会莫名地悲伤，但是你又说不清楚为什么会有那么多伤春悲秋之事。你可以问问你家里面，谁也经常悲伤，这样你可以看见你自己的情绪是从哪里来的。

去看看你自己的生活、你的金钱、你的婚姻、你的工作、你的事业等等，像是在重复谁的命运，如果没有，那自然好，如果有的话，你可以先看见它。

你可以看看，你有没有想要去为家庭成员分担什么东西。比如你的家庭成员很抑郁，或者是觉得不快乐，可能在潜意识里，你想要去替他分担。

或者你去看看，你是不是想要替代对方的角色。比如你想要替代父亲或母亲的角色去照顾另外一方，去照顾他们的孩子也就是你的兄弟姐妹。

看看你是不是想要去填补一些平衡。比如发生了什么事情，你想要牺牲自己去平衡它，去给予对方这个补偿。

在系统排列中，最常见的就是承担了父母亲或者兄弟姐妹、外公外婆、爷爷奶奶这些家庭成员的情绪、能量。当事人很痛苦，甚至一开始他自己也搞不清楚原因。

所以我们第一步是要去看见这些，去看看在我们身上有没有这些动力的牵引。

第二步是尊重。

我们需要明白，每个人都有自己的命运，我们不是别人人生的导演，没有办法去改写他人的命运。无论别人的命运是好的还是坏的，我们都要去尊重他人的命运。

我们需要尊重序位。我们的父亲、母亲比我们先来，我们需要去尊重他们背后的历史。我们可以去看当他们是小孩的时候经历了怎样的原生家庭，他们的父母如何把他们养大，他们的人生又发生了什么，我们需要尊重这些事实。他们就是这个样貌，他们不需要改变，这才是真正的尊重。尊重就是我看见你们受苦，但是我不期望你们去改变。

朱阿姨的姐姐年轻的时候，没有生养孩子。到了老年，老伴儿先她而去，她形单影只。有一次，她摔了一跤卧床不起，朱阿姨就去照顾她。

但朱阿姨跟她的姐姐不是一类人。比如，朱阿姨生病住院的时候，她姐姐说自己吃不好睡不着，就是担心。现在朱阿姨的姐姐卧床了，非要给朱阿姨看她摔得乌青又瘦巴巴的脊椎骨，朱阿姨不忍心看，一看就要落泪，但是朱阿姨的姐姐却误会为朱阿姨不关心她。

她姐姐虽然卧床，但是八卦的心思不少，每天跟朱阿姨掰扯听到的邻里的风言风语。如果老姐妹之间有什么不同的观点，她姐姐就对朱阿姨说："我都生病了，年纪也比你大，你就不能让着我？"然而耿直的朱阿姨听着她姐姐一些三观不太正的言论，实在憋屈。

但是她看到姐姐卧床又不忍心，觉得社区的照顾不够细致，每天忍着精神折磨去伺候她姐姐，苦不堪言。

尊重就是你看见心爱的人、重要的人在受苦，但你知道，首先你没有办法进入他的命运里，其次你进去了也改变不了，除非牺牲自己。

当你看到他们受苦，你需要明白这是他们自己的业力、自己的功课、自己的因果，你只是能给予他们祝福和适当的帮助，但你没法干涉。

第三步是交还。

看看你承担了什么不属于你的、不该是你的部分，把它交还到对方那里去。

比如你承担了属于父母的一些情绪，婚姻当中的一些无奈、悲伤，或者是对金钱的匮乏，等等，这些都是可以交还回去的。

第四步是给予祝福。

你可以给予他们祝福，也请他们给你祝福，这一切都可以在你的脑海里完成，闭上眼睛去完成这些对话。

逆转负向吸引和强迫念头

吸引力法则没有效果，可能还因为我们有很多负向的和强迫的念头。

子瑜是一个谨小慎微的人，凡事都三思而后行，对于潜在的风险，他也总是能防患于未然。他的问题在于，防范的心理过于严重，总是控制不住地要去想那些可怕的东西。

比如，出门之前，他会抑制不住地想：要是有人跳楼砸到自己怎么办，要是乘坐的车出现交通意外了怎么办，风太大把玻璃、花盆吹下来怎么办……凡此种种，极小概率的事件他也能想到，一想就心烦意乱，但是每天又不能不出门工作、生活。

有一次，他的孩子感冒了，他又开始控制不住地产生各种坏念头：孩子发烧烧成残障怎么办？咳嗽是不是得了肺炎？感冒会不会是绝症的先兆？

他当然知道，想这些坏的事情不好，但是他控制不住，越是涉及身边最重要的亲人、朋友，他越控制不住去想那些坏的事情。

这些念头并不是他自己想要在脑海里产生的，但就是像没法压制的火山一样肆意喷发。

这就是强迫的负向念头。

好像脑袋不受我们控制一样,我们没有办法把它拉回来,却任由那些念头把我们拉进去,这是一种负向的吸引跟强迫。

还有就是习惯性、无意识地产生很多负面的念头、负面的情绪、负面的批判。

小郑的老板让她订机票,她一时疏忽,订错了时间,老板到了机场要值机时才发现问题,就打电话跟她说想办法赶紧改签。

老板并没有批评小郑,但是小郑马上陷入自我批判的情绪里,感觉很羞愧、很内疚,甚至感觉没有自信,感觉被别人看不起,然后在这个自卑的状态里面出不来了。

在亲密关系中,小郑也经常习惯性地陷入负面情绪之中。一次,她和老公为袋装茶到底应该热冲还是冷泡起了争执,小郑立马进入愤怒的状态。她觉得老公为一点小事都跟自己吵架,觉得老公不爱自己,觉得婚姻很失败,觉得很悲伤、失落,更加歇斯底里地跟老公争吵起来。

小郑也不想这样,但是每当她想把自己朝正面扭转的时候,就会产生一种阻抗,一个声音在她头脑里出现,说:"看看你这个样子,你就别骗自己了,你这样的人,根本做不到高能量的。你这辈子都处在低落的状态,怎么可能改变?"小郑想要去建立起来的新状态还没成型就瞬间垮塌,掉回原来的泥潭和黑洞里。

当你无意识、习惯性地掉进负面情绪里时,虽然你想要把注意力转到正向,但是这个时候你往往会对新的状态有很多批判。

就好比你一直生活在泥潭中,即便你知道还有另外一个世界,干净、温暖、舒适,即便你的心很向往,但你总判定自己到不了那个世界,这就是习惯性的负向吸引。

负安慰剂：消极信念的力量

我在前面提过心灵通过积极的暗示增进健康，这被称为安慰剂效应。相反，当同一个心灵忙于消极的、损害健康的建议时，这种负面效应便被称为负安慰剂效应。

比如，断言的潜在力量："你只能活六个月了。"如果你选择相信医生传达的信息，那么，你在这个世界上存活的时间可能真的很短。

某解放军医院心理科的专家曾经说过，一半的癌症病人是被吓死的。

国外某健康频道 2003 年的一档节目"安慰剂：心灵支配药物"报道：1974 年，米多尔医生有一个病人山姆·隆德身患食道癌。食道癌在当时被认为是 100% 无法治好的。医疗团体中每个人都"知道"他的食道癌会复发。因此，当隆德在诊断的几周后死亡时，没有人感到意外。

令人吃惊的事情发生在隆德死后，尸体解剖后根本没发现食道癌的痕迹。隆德死去 30 年后，米多尔仍然对这个病案耿耿于怀："我认为他有癌症。他自己认为他有癌症。他周围的每个人都认为他有癌症。我是否以某种方式破灭了他的希望？"

令人痛心的负安慰剂病例暗示着：医师、家长和自己都能够通过使你相信自己无能而可能消除你的希望。

如何解决负向的吸引和强迫的念头？

是什么限制了我们对未来的吸引，限制了我们去创造奇迹呢？其实就是附着在我们头脑里面、过去所形成的习惯性程序的集合体。

我现在多少岁，是什么学校毕业的，我的原生家庭是怎样的，我遭受过怎样的对待，我有怎样的经历和能力，所以我就应该是怎样的——大多数时候，我们太强烈地执着于认同自己就是这个样子，其实我告诉你，这只是你的偏见，是一种执着，叫作我执。

这些词听起来比较玄，我们首先需要明白几个关键的前提假设或者理论。

第一个前提假设，就是从来没有一个生来固定的、注定的我。

意思是说，你虽然是现在这个样子，有着这样的喜怒哀乐、思维、性格，但你并不是一生下来就注定是这个样子的。

所以，"我"是一种意识的认同或选择。

"我"今天可以认为地球是方的，明天可以认为地球是圆的，后天也可能认同地球是菱形的。这些都是"我"。

从来没有一个生来注定的"我"，"我"的形成不是固定的，是对环境中形成的意识、价值观、信念的抓取和汇集。

第二个前提假设，"我"形成的信念、认知，并不是事实，而是对记忆的选择、删减和扭曲。

也就是说，我们所看见的"事实"只是事实的一部分而已，真实的世界，或者说对这个世界真实的诠释和反映，并非如此。

有个人很憎恨他的父亲，因为他小的时候他父亲经常打他。从某种角度看，这是一个事实，但只是他在所有记忆里面抓取的一部分事实。

当有人问他："你回忆一下，你父亲一共打过你多少次？"他仔细回想了一下，发现可能只有五六次。

别人又问："现在你 30 岁，已经活了有 1 万多天，你爸爸打过你五六次，那么这 1 万多天内剩下的时间，你爸爸在做什么呢？跟你还有什么其他的互动？"他又仔细想了想，发现其余大部分时间，他爸爸都是在做父亲该做的事情，供他上学，给他提供衣食住行，询问他的学业和工作，带他走亲访友、外出旅行，等等。

但是我们的头脑可不这么认为，我们的头脑会去放大一些东西，弱化另一些东西。我们的头脑会把我们的注意力聚焦在我们得不到的那些事情上，聚焦在问题上面。

第三个前提假设，你相信什么，你就会成为什么。

有一个人从 13 岁起，就经常因为打架被记过处分，被原学校开除后被迫转学。之后他在新的学校参加中考，第一次没有考上只能复读，第二次因为数学太差，勉强考上了一所普通高中。因为数学成绩总是不及格，他又经历三次高考才好容易考上一所普通的大学。

按道理来说，一般的人有多年这样的经历，头脑里形成的概念应该是，相信自己是一个学渣、笨蛋，对自己的前途不抱任何期待。因为这个逻辑太合理、太有说服力了，学习道路的事实完全可以证明他会是一个一事无成的人，最起码不会有什么建树。

但是这个人并没有根据过去的记忆去抓取那些负面的东西，他的价值观和信念完全是相反的另外一套，是积极、拼搏、自信的正面的一套。所以他成功了，这个人就是马云。

很多人的经历，尤其是二十五六岁以前的经历，都比马云要好，按道理马云应该比我们失败才对。但是我们可以猜测到，他形成的那个"我"里面，肯定有一些东西是我们所不具备的。

　　第四个前提假设，当我们不再认同于我们这个小我的时候，我们就可以去改写我们的代码。

　　就像上野千鹤子说的："'你现在是谁'比'你过去是谁'重要得多。"

　　就是说，我们并不一定要抓着过去产生的对自我的认同不放，我们可以改变并成就新的自己。

　　小乐从小就是一个暴躁的人，一点小事就能让他的情绪突然爆发。小时候父母接他下学来晚了，他就会大发脾气，发完了又后悔；长大后跟朋友聚餐，朋友临时有事来不了，他在电话里怒斥，发完火又觉得该体谅朋友加班的辛苦。他就这样在情绪波动中生活了 20 多年，也落了个"暴脾气"的性格标签。

　　有一次在职场上，同事的甩锅让他被领导批评，小乐刚想回头对那个同事发飙，却被另一个同事拦住并告诉他说，那个同事是大老板的关系户。憋了一肚子气的小乐突然意识到，有些火的确可以不发，有些事是可以大事化小，小事化了的。

　　小乐下次遇到糟心事要勾起情绪的时候，首先给对方一个假设——"这是一位惹不起的人物"，然后开始从人转移到事情上，就事论事。一次他跟同事一起出差，同事负责买火车票，到了火车站却发现时间是明天的，按往常小乐的性格，早就又开始生气上火发脾气了，但是这次他成功地克制住了自己。他耐着性子赶紧打开 App（应用程序）查看当日还有没有可以改签的票，及时给两人改签，虽然晚了两小时，但是当天就回城了。

　　慢慢地，小乐周围的人都发现，暴躁已经跟小乐无缘，小乐变成了一个耐心、情绪稳定的人。就像有人说的，"装了一辈子好人，那就是好人"，小乐放弃过去产生的对自我的认同，变成了一个新的自己。

那么什么是念头呢？

我们的头脑里面经常萌生乱七八糟的欲望的念头、荒诞的念头、怀疑自己生病的念头、想要去打架的念头……只要你的头脑在运转，就会不停地产生大量的念头，就像一个全自动的、永远不会停的吹泡泡机一样。

念头是一个全自动程序，它并不是你这个主体，它只是你很小的一部分。

想象你住在一座城堡里，你有很多管家、仆人，其中一个仆人叫作念头。他专门负责分析思考，但是这个仆人有个怪毛病，就是一天二十四小时滔滔不绝，不管你想不想听，他都在分析各种各样稀奇古怪的事情，这就是我们的念头。

曾曾被家养的小猫在嘴唇边上抓了个小口子，还流了一点血。打完疫苗后，曾曾还不放心，在网上不停地搜索极端抓伤事故——留疤、破伤风、狂犬病，各种案例故事反复看，看得他心惊肉跳。

晚上睡觉，曾曾梦见跟人打架，自己的嘴唇被镢头打得裂开了，成了三瓣嘴，特别丑，把他丑哭了。曾曾又梦见被猫抓伤的自己，开始出现狂犬病的症状。曾曾想到自己年纪轻轻就要死了，留下伤心的父母，梦里的曾曾哭得更伤心了，后来竟然抽噎着哭醒了。

念头是很可怕的，哪怕主体曾曾已经睡着了，念头和思维在梦境中依然活跃。人虽然已经休息了，但是念头永远不休息，不放松，它还在指使着主体曾曾做梦。在梦境里面，主体还会感觉这个梦非常真实，里面的喜怒哀乐仍然在经历着，人仍然在里面思考着，挣扎着。

你要明白一点，你可以运用念头成为思维的工具，但是不要认同它，更不要任由念头膨胀反过来主宰你。

所以在念头这个仆人平常喋喋不休的时候，你就不抓取、不分析、不判断，他说他的，你忙你的，不要管他。

具体怎么处理呢？

释放。把它扔掉就可以了。

释放就是把产生的杂乱的东西打扫出去，清理掉。

释放的是我们过去的习性所产生的情绪、念头。

圣多纳释放法

在吸引力法则的四步骤里，我们介绍过三重欢迎释放法，它本身就是一个很好用的释放法。

日常生活中有一些更轻巧的释放法，用起来更便捷，比如圣多纳释放法、零极限释放法、一念之转释放法。

我也自创过四句箴言的清理术、新一念之转的清理术等比较适宜本土的释放法。

不过，我们这次使用的是圣多纳释放法。圣多纳释放法是由莱斯特所创。

圣多纳释放法的核心认为，我们产生的一切负面情绪、欲望、感受等，向根源回溯都可以归结为三个基本欲望：想要安全，想要控制，想要被认同。

对安全的欲望是为了生存。人类这种生物在地球上最核心的逻辑就是要努力生存下来，这个最基本的需求让我们产生了对安全的欲望。

人生存下来以后，就有了人和外界的关系，我们想要去改造世界、与世界互动，要控制周围的一切乃至未来，以降低风险。正是因为想要控制，才有了外界脱离我们的控制带来的苦。

人除了跟世界的关系，还有深刻的人与人的关系。在人类社会文明进程中，每个人都不是独立生存的个体，所以特别想要被认同，渴望得到嘉许、赞扬、鼓励、赞美、崇拜等等，这都是想要被认同。

这三个基本欲望从吸引力法则来看，我们可以发现：

想要安全，说明你本身内在有强烈的恐惧。

想要控制，是你对未来有很大的担忧和焦虑。

想要被认同，是因为你自己觉得不够好，不配爱。

这三个底层的代码决定了"小我"的本质是匮乏的。如果你不能清理掉相应的一些情绪、信念，以及这些情绪、信念背后的三个基本欲望，那么这个匮乏的"小我"就一直会在那边发射信号，拖累吸引力法则的实现。

有人可能会问："造物主为何要把人设计成这个样子呢？"

我们的大脑一部分是爬虫脑，关注生命安全，一部分是哺乳动物开始存在时就有的、负责情绪与情感的部分。所以我们头脑中的这些底层代码、基本欲望，是由几百万年前的哺乳动物产生的。因为彼时在原始森林里面，需要的是生存、拼搏、竞争、逃跑、繁衍等等，所以我们就产生了最底层的基本欲望，在此之上幻化出很多其他体验，包括恐惧、匮乏感、愤怒等等各种各样的情绪，都是为了应对当时的基本生存需要。只是，当这些情绪随着人类的进化，来到物资富足、生活无忧的时代——我们不再需要恐惧来提醒猛兽的入侵，不再需要匮乏感来居安思危，储备粮食，不再需要愤怒来恐吓对手，投入战斗——就成了情绪的负累。

那么，我们如何运用圣多纳释放法来帮助我们清理内在呢？

先找到你想处理的问题。比如你觉察到你有一个负面的想法，你觉得你的伴侣有一天会背叛你、离开你，你觉得这个念头始终挥之不去，在这些情况下你就可以用圣多纳释放法。

首先去观想这个画面，去体验你内在的一些感受。你可以去想象你看见了什么，感受到了什么。你有可能感觉到焦虑、紧张，身体也非常不舒服。当你把注意力集中于自己的情绪中心、胸腹部的位置时，你有可能有抽紧的感觉，里面好像堵着什么东西。

然后你去看看这个想法。你问自己下面几个问题。

"我容许这种感觉、这种担心浮现吗？"你可以回答"是的"。

"我能释放这种感觉吗？"你回答"是的"。

"我愿意释放这种感觉吗？"你回答"是的"。

"什么时候释放？"你回答"现在"。

做个深呼吸，感觉自己能够释放掉这种感觉，感觉自己非常轻松、愉悦，这样就可以了。

如果在这几个问题里，你问自己说："我容许这种感觉浮现吗？"你的回答是："不能，我想要控制它。"你也不用管，可以继续往下进行。

看你是否愿意释放这种感觉，如果你不愿意，那你就可以去释放"对这种感觉的抓取和控制"。

比如，你发现自己很担心有一天你的婚姻会不幸福。

你问自己："我容许这种感觉浮现吗？"你回答："不容许。"

"我能释放这种感觉吗？"你的回答可能是："我觉得自己释放不了。"

这个时候不要慌，你只是发现了一个新的信念，那就是"我觉得我释放不了'我担心自己婚姻不幸福'这个想法"。

那你可以对自己说："我允许自己拥有'释放不了这个想法'的感受吗？"你说："是的。"

然后问自己："我能够释放这种'我释放不了这个想法'的感受吗？"你说："是的。"

再问自己："我愿意释放这种'释放不了这个想法'的感觉吗？"你说："是的。"

"什么时候释放呢？""现在。"

然后做个深呼吸，释放就可以。

也就是说，当你在回答那几个问题遇到阻碍的时候，你可以去释放对这种问题、这种感受的控制，就像俄罗斯套娃一样，它本身又是一种新的层面的感受。

圣多纳释放法可以广泛用来释放念头、情绪、信念。

释放念头

有个学员，她的女儿从一出生体质就比较差，经常生病，因此她就有个念头，"我的孩子会生病"。我建议她用圣多纳释放法去释放这个念头。

以下是她释放念头的亲身体验。

当她这个念头"我的孩子会生病"起来的时候，她可以感觉到这个念头是怎样在作用的。她看见她的孩子急促地呼吸，在医院打吊针，疼得哇哇大哭，等等，她留意到她的胸腹部也跟着紧促地呼吸，感到非常焦虑，眉头也皱紧了。

然后她问自己："我允许这种害怕得病的念头浮现吗？"她回答自己："是的，我允许这个害怕得病的念头出现。"因为它只是一个念头，不是一个事实，所以她允许任何念头浮现。因为她知道，那个念头只是个吹泡泡机而已，有的泡泡是彩色的，有的泡泡是黑色的，它如果想要出来，那就让它出来好了。

她问自己："我能够释放这种念头吗？"她回答："是的，因为它只是个念头，当然能释放它了。"

"我愿意释放这个念头吗？""是的。"

"什么时候释放？""现在。"

经过几番自问自答，她做个深呼吸，想象把这个念头从她的身体里、头脑里通过呼吸全部释放掉，感觉这个念头的泡泡离开她就可以了。

释放情绪

小崔在公司里从事平面设计工作，要经常面对一稿几改的情况。有一次小崔遇到了一个难缠的甲方，光字体就调整了几十个都不中意，非要小崔亲自手写导入设计。熬夜加班的小崔感到非常愤怒、沮丧，委屈得想哭，甚至开始陷入抑郁的情绪里，还好这个时候她觉察到了，决定用圣多纳释放法去转化状态。

小崔问自己："我允许这个抑郁、沮丧出现在我的身体里吗？"她回答："是的。"

然后她说："我能够释放这种抑郁、沮丧吗？"她回答："是的。"

"我愿意释放吗？""是的。"

"什么时候释放？""现在。"

小崔做个深呼吸，想象那些抑郁、沮丧的能量从她的胸腹部、从她的身体里随着呼吸离开。

这是释放情绪。

释放信念

有一个学员比较特别，他的信念是"我肯定会失败"，因为这个，他也觉得自己肯定做不成吸引力法则。

所以他问自己："我允许这个负向的信念出现吗？也就是允许'我做不成吸引力法则'的信念出现吗？"他想象可以看见这个信念，从身体里或头脑里生起，于是他回答："是的。"

他问自己："我能够释放这个信念吗？"他回答："是的。"

"我愿意释放这个信念吗？""是的。"

"什么时候释放呢？""现在。"

然后他做个深呼吸，想象把这个信念删除掉，就可以了。之后他感觉到了轻松、喜悦和自由，感觉可以心无旁骛、畅行无碍地去使用吸引力法则了。

这就是圣多纳释放法。

圣多纳释放法与三重欢迎释放法有什么区别呢？

三重欢迎释放法更立体，深度更强，所以我们把它设计在吸引力法则的四步骤里面去做。相对来讲，它花的时间更长，但是它清理的力度更深。

当平时那些负面的情绪、念头随时袭来，而我们又需要去保持正面的状态时，用圣多纳释放法去处理就非常方便。

当你运用得比较熟练以后，你可以把圣多纳释放法缩减成两步。

第一步是感觉到这种情绪能量。当你感受到它时，你就问自己："我愿不愿意释放？"你回答："愿意。"

第二步，你问自己："我现在能不能释放？"你回答："能。"

然后你做个深呼吸，释放就可以了。

熟悉了圣多纳释放法之后是非常便利快捷的，有时候你几秒钟的时间就可以捕捉到自己的负向念头并直接将其释放，因为你不再认同它、抓取它，就这么简单。

☾• 每日转化为高频状态

通过清理我们的负向念头和情绪，我们把负面的状态清理掉了。但这还不够，我们还需要将我们的能量更进一层，把它提升到一个更好、更快乐、更高频率的状态。并且，我们要保持随时随地都是高频率、好状态，而不是在使用吸引力法则下订单的那一刻临时抱佛脚。

查看我们自己的频率状态很简单，就是看自己是不是发自内心地感到喜悦、快乐、舒坦。你可以时刻留意自己，并且给自己平常的状态做一些记录。

如果你总是感觉到愤愤不平，你就没有办法获得真正公平的对待。

如果你总是感觉到穷困潦倒，你就没有办法获得富裕的生活。

如果你总是感觉到悲伤难抑，那你吸引来的也会是忧伤难过。

如果你感觉到的是脆弱、害怕，那么吸引力法则就会把与脆弱、害怕一致的事情和经历源源不断地带给你。

有一点你必须确认，就是当你感觉不好的时候，你需要先暂停使用吸引力法则，并告诉自己：我现在的情绪不好，负面的情绪会阻碍我接收想要的东西。

有一次跟一个朋友聊天，她说："我有什么可快乐的呢，你看我的生活比别人过得差，我的身体也不好，我的钱也不多，我的责任也很重，我的父母需要赡养，孩子需要抚养。别人开心是因为他们有钱，他们运气好。我想要的东西、想做的事情，都没有办法实现，你让我怎么开心得起来呢？"

我回答说："你看我们现在的生活，比新中国成立前，甚至比 30 年前，都要好太多了，物资充沛，人都能吃饱，可以上学，没有战乱，但是我们仍然会觉得不快乐。因为当你没有钱的时候，你想着，要是有钱就快乐了，但是有了钱之后，你还会有更多的欲望。就好比，当你骑自行车的时候，你想有一天能够开上汽车就快乐了。当你真正开上汽车的时候，你又觉得有豪车甚至游艇才会快乐。当你有房子以后，你觉得住了别墅才会快乐。当你有了别墅以后，你仍然会去做比较，去看其他富豪的生活，可能还想要人家那样的事业、那样的感情生活。所以说，你不快乐，跟你的生活状况其实没关系，是由你的心境决定的。你的心境不定，那么外界无论达到什么标准，你的快乐都不会持久甚至都不会产生。"

有些人会被外界的各种因素所左右，他们认为只有在阳光灿烂的日子里才能够创造出幸福，只有外界所有的人、事物都按照他们想要的来运转，他们才能够快乐。

这种状态是很难维持的，因为你自己的内在，你自己的需要，你自己内心的不满足，都是随时在变化的，它不是一个固定的绝对值。

环境好的时候，人们的确很容易保持和幸福之间的联结。但对一个真正成功的创造者来说，无论外在环境如何，他都能够保持与幸福快乐的联结。

我们运用吸引力法则，并不是先得到了，才能够快乐，而是我们要让自己拥有一种能力，无论外在发生什么，我们都能够控制自己，和我们想要的东西、想吸引的东西去匹配。

这也是吸引力法则允许接收的定律中蕴含的秘诀。

如果有好的事情发生了，你当然有理由保持快乐和感恩，因为它生效了，你吸引到了想要的结果。

如果没有好的事情，也没有什么不好的事情发生，你也有理由保持快乐和感恩，因为起码没有坏的事情发生，你一切如常。

但是，如果是不好的事情发生了，你也可以去保持快乐和感恩，因为这也是一个最好的选择。想想看，坏事已经发生，但你有两种心情可以选择，一种是保持快乐，一种是保持悲伤、沮丧，哪一种对你而言更有利呢？答案很明显。

无论发生了怎样的事，你都有理由保持快乐和感恩——你可能会觉得困惑。如果将情绪调试到这种状态，每天都乐呵呵的，那人不就没有悲伤和愤怒了吗？那还能称之为一个有血有肉的人吗？

当你遇到一些坏事，情绪产生的一刹那，凭着你的本能反应，你肯定会觉得愤怒、生气、悲伤等等。我们这里说的是，人都会突然产生某种情绪，但那只是本能的瞬间反应，接下来你需要调整好你的状态，回到好的能量频率，而不是被瞬间的原始反应一直拖着。这才是我们提倡的，允许有情绪，但不能围于情绪。

那我们如何去转换频率呢？

很多人终其一生，只是对发生在身边的事情做出被动的反应，所以他们过着糟糕的日子，有着消极的反应，经常感到生气、愤怒、沮丧等等。看上去是环境给他们带来的情绪，其实只是一种习惯的被动无意识而已。

不管你现在在哪里，不管你现在是怎样的状态，你需要关注的是你要到哪里去，你梦想的状态、梦想的目标是怎样的。我们需要去刻意调整我们的情绪，调整我们的关注点，我们要有意识地去创造一种积极的情绪状态，一种和我们的目标愿望达成一致时的情绪状态。

这就需要我们在日常的生活中不断地觉察。当你觉察到你现在处于一种消极的状态时，你就需要做持续的转移，永远不要聚焦在不要的东西上面，我们需要避免被那些坏的情绪拖进泥潭里。

所以，第一步就是在思维刚起来的时候，我们就能觉察到。

在我们日常的生活工作当中，需要注意负向思维刚起来的那一刹、刚开始的那个阶段，我们需要赶紧去转移注意力，早发现，早治理，这个时候改变思维方向还是比较容易的。

第二步就是直接进入目标频率的那种状态。

为了更快、更好、更直截了当地改变，你必须忽略现状。也就是不管别人对你有什么样的看法，不管你当下的情绪状态是怎样的，你只需要专注地想着你想要的目标状态，多加练习，那么你所发出的吸引力频率、你自己的能量状态就会发生改变。

随时可用的频率转换方法

这个方法从本质上来说跟圣多纳释放法类似，但更进了一步。圣多纳释放法只是释放，而这个频率转换方法是让我们从负向状态直接转到正向状态。

这个方法用起来很简单，当你感觉自己的情绪状态、能量状态不好的时候，你就问问自己。

第一句："我想不想让这个负面的状态主宰我？"你可能会说："我并不想让这个状态主宰我。"

第二句："我想不想现在停止被这个状态牵引和主宰？"当你决定说"我现在想要停止"时，你就做个深呼吸，感觉能够让这个负向状态停止主宰和牵引你。

第三句："我想要的是怎样的体验？"你可能会说："我并不想要这种沮丧、低落，我想要的是快乐、兴奋的感觉。"

第四句："我想不想现在就体验？"当你回答"是的"时，那你就让自己再做个深呼吸，去体验兴奋和快乐就可以了。

这个方法的设计原理跟圣多纳释放法是一样的，圣多纳释放法认为我们的情绪、念头都是我们的程序而已，是可以被清理、被删除掉的。既然这些东西可以被清理、被删除，那么一些新的程序、习惯、状态也可以被建立，所以这个随时可用的频率转换方法在圣多纳释放法的基础上又增加了一步。

有一天早上，我起床出门去上班，路况很差，交通拥堵，红灯很长，而且有些车子还玩命地加塞，横七竖八地挡住我的路，一百米能开一刻钟，眼看就要迟到了。当天我还有个很重要的会议要开，不能缺席，当时我的心里逐渐开始积累焦虑和烦躁。

觉察到自己的状态不太好，我就想，无论结果是迟到还是准时，我都想要改变自己的状态，于是我开始用频率转换方法。

我先问自己："我想不想让这种焦虑、急躁的状态占有我、主宰我？"我毫不犹豫地说："我并不想让这种焦躁的状态占据我。"

于是我又问自己第二句："我想不想现在就停止这种状态带来的牵引？"我回答说："是的，我现在就想停止。"然后我做了个深呼吸，深呼吸的时候，想象从身体里面把这种焦躁的情绪都通过呼吸释放掉。

接着我又问自己："我现在想要的是怎样的体验、怎样的状态？"略加思忖，我告诉自己："我现在想要体会的是平静又灵活，体会到变通和智慧。"

我继续问自己："我想不想现在就体验平静、灵活、变通和智慧呢？"我回答说："是的，我现在就想体验。"然后在拥堵的道路上，在等待的间歇中，我闭上眼睛，做了个深呼吸，想象平静、灵活、变通、智慧的能量来到我身边，相当于我把这些想要的能量接收进来。

心情平复了之后，我冷静地瞅准时机变道，找了个较为通畅的路线，开足马力到达公司，竟然还早了两三分钟，完全没有耽误那个重要会议。

所以这个方法可以使你从一种重复性的、习惯性的、无意识的情绪状态，转化为有意识的、刻意的，对你而言更加有力量、有资源的情绪状态。

平时你可以用圣多纳释放法去清理那些不想要的情绪、念头、想法、信念，清理完之后，你可以再加上频率转换方法，问问自己"我现在想要体验的是什么"，然后进入这个新的状态。两者结合，会变成一个更好用、更强力有效的方法。

与其无意识、习惯性地抓取一些状态、能量，还不如主动选择一些东西。所以通过这个方法、这样的练习，你可以变成自己的主人。

更多练习，"化腐朽为神奇"

要想每天都能够转化为高频的状态，就需要留意你每天用怎样的能量浇灌自己，是快乐、富足的能量，还是抱怨、退缩的能量。每当你感觉不妙的时候，你都要暂停一下，去调整你的状态到正向高频，否则会阻碍吸引力法则的运作和实现。

转换频率，需要在觉察思维刚开始的时候就去做转化练习，进入目标的状态。

一些具体的练习：

一、给自己的能量状态打分。从负向到正向，设置为 –100 分到 +100 分，给你的状态打分。你可以连续打分一个月或者三个月，看看自己能量状态的分数有没有变化，平均值是多少，有没有上升或者下降。

二、有意识地关注一些积极的事物以及事物的积极面，用正面的语言代替负面的语言。

三、经常去想一想美妙的事物，因为当你去观想美妙事物的时候，这些观想本身就可以给你带来美好的体验和正向的状态。

四、当我们觉得自己很难持续保持高频状态，很难做能量状态转换的时候，我们可以用渐进式的频率转换语句帮助我们。

有一个周一，我一大早来到公司，发现一个同事眉头紧皱，待在自己的座位上郁郁寡欢，其他同事分享零食和笑话，他也无动于衷。问了一下，原来他周末跟老家的父母通电话，得知父亲上山砍柴扭伤了脚踝，儿子的期中考试成绩又是班级垫底，一大早因为琐事跟老婆吵了一架，气呼呼地来上班又因为堵车迟到了。

他说："我的心情非常沮丧，但是我知道需要让自己保持在快乐的状态中，我现在又很难做到。"

我提醒他："这个时候你就可以用渐进式的频率转换语句。第一句你可以说'今天有无数的人处在快乐当中，每天都有上千万的人可以保持乐观'，第二句是'这一分钟就可能有成千上万的人转变了自己的状态和频率'，第三句是'这些人中肯定有人跟我有类似的或相同的经历，我所经历过的状态，他们也曾经历过'，第四句是'这说明现在就去转换和提升我自己的频率和能量状态是可行的'，第五句是'这说明我现在也可以做到'。"

他马上用这个方法去转换自己的状态，例会开始的时候他已经精神抖擞，笑容满面了。

渐进式的频率转换语句，就是通过一句一句地递进，来转换你觉得不可能的那种状态。

通过各种方法练习，我们释放负向情绪和念头，进入崭新的正向频率状态，去感受自己真正想要的那种情绪状态，体验真正美妙的人生。

☾• 什么会破坏吸引力法则？

什么会严重破坏吸引力法则，阻碍吸引力法则的实现？

在探讨这个严肃的课题之前，我们先自问一下，提到金钱、成功、财富这些词的时候，你会首先联想到什么，感受到什么？

如果你能诚实地面对自己的感觉，你现在就可以闭上眼睛，去感受一下，当你听见金钱、成功、财富和家庭这些词的时候，你自己的内在是怎样的感受。

这些看起来很美好、代表着快乐和富足的词语，对有些人来讲，却可能意味着压力、辛苦、牺牲，可能是遥不可及、不可触摸的，是风险和失败，甚至是恐惧和灾难。

为什么我们渴望、向往的东西，反而会让我们感觉到困难，感觉到压力呢？为什么有的人成功很容易，有的人历尽千辛却一无所获呢？为什么有的人非常善良温顺，却遭受诸多波折困苦呢？

这些问题的背后，恰恰就是影响吸引力法则运作的核心关键。

有的人之所以无法通过吸引力法则实现自己的愿望，可能并不是因为他没有那么强烈的渴望，不是因为他不够聪明，也不是因为他运气不好，而是因为他让自己处在一种摇摆不定的状态中，这种状态和他的愿望感应非常不和谐。

有以下几种特殊的状态会严重破坏吸引力法则的运作，导致其无法实现。

第一种是潜意识里的负面信念。

信念就是你潜意识里关于自己、他人、世界、事物的判断：你相信你自己是怎样的一个人，他人是怎样的一个人；你对世界的看法，你对事物的判断；等等。

比如，你觉得成功需要付出很多，劳心劳力，或者觉得金钱是肮脏的，这些就属于你负面的信念。你觉得虽然实现某些目标有些艰难，但有能力做到，或者你觉得可以实现奇迹，等等，这些是正面的信念。这些信念很容易被你观测到。但在吸引力法则里，有一些对我们而言是隐藏比较深的限制性信念，包括"我不配""我做不到""我不值得得到""我没有能力做到""这不可能"等等。

在对事物的某一个观点背后，隐藏着很多我们意识不到的信念。

比如，当你去运用吸引力法则的时候，你可能内心充满执念，觉得一定要去得到这些东西，一定要拥有这样的家庭、财富、社会关系等等，可能你内在的驱动力就是"我一定要超过别人"。这个念头的背后，可能隐藏着一些信念，就是"我嫉妒某些人，我很愤怒，我不想不如他，我一定要比他好"。

有些时候你想要去吸引一些东西，是因为你觉得能给自己带来面子和荣耀，可以获得别人的赞美，背后隐藏的信念可能是"我不够好，我没有办法肯定自己，我需要外界更多的肯定"。

这些隐藏的信念是我们对与外在世界关系的定义的一种表达，也是我们对世界的一种简化的诠释，就好比戴着滤镜看世界。

假如你戴着憎恨的滤镜，那么你看到什么事物，都会多多少少带着憎恶的态度。

这些信念有的来自我们个人的经历，有的来自我们的家族，也就是我们的家庭系统。

有些人曾经对你的判断，对你的否定或取笑，对你的赞扬或称许，对你的恨与爱，在你身上发生作用，让你形成了一套对世界的观点和看法，形成了你自己的信念系统。

我们需要小心留意自己的信念，它就像写在我们潜意识里的核心程序，是一种强烈的自我认同和催眠。

信念比情绪隐藏更深。情绪相对来说比较外显，开心、沮丧、愤怒、悲伤都能很清楚地显露出来，是对世界的一种能量表达；但信念根植于内在核心，是看待、解释世界的基本观点。

好在，这种观点、这种相信、这种信念是可以改动的，因为它本身的形成就是一个编程的产物。也就是说，是别人给我的一些信息、一些观点，我糅合自己的体验，形成了一个我所相信的代码。

比如我们经常看到的箴言"鱼与熊掌不可得兼""婚姻是靠不住的，女人必须靠自己""无商不奸"，林林总总，都是信念，包括很多名人语录、格言也是。它们帮助我们把世界变得更加简单，我们通过这些语言去简化世界的规则和逻辑。

这些信念在某一时期帮助了我们，让我们能快捷地应对，保护自己。但是当我们没有办法看清自己的实相的时候，就没有办法自如地运用这些信念，反过来会被信念所限制，我们就落入了自己的程序当中。

从事广告销售工作的小吴，总感觉自己没有别人幸运。有的同事一个月几十万上百万的成交量，新同事有的上岗第一天就能卖出去广告位，小吴却经常半个月都没有成交，心里有很深的限制性信念，觉得"我做什么事情都不会成功的，成功太难了，我就是能力太差了，不讨人喜欢"。

看上去简简单单的几行字，却是一段核心代码，在小吴的命运中、生活工作中，起着举足轻重的作用，并且因为它是信念，所以小吴深深地相信它。当小吴相信它的时候，信念的威力就展现出来，导致小吴对于失败产生了习惯性认同。限制性信念的催眠，让小吴认为自己肯定没有别人运气好，比别人缺乏能力，做什么事情都不会成功，结果都很可怕地应验。

后来，小吴接触到心灵成长的内容，开始慢慢去做清理，发现那些只是念头而已，自己完全不需要跟随这种念头和想法。小吴明白了，是他自己创造了现在的这种状况，是他自己认为自己不会成功、不会成交，结果他就放弃努力，潜意识有点破罐子破摔，他就不会成功。

清理了这些限制性信念的小吴，在工作中勇往直前，遇到困难也觉得"没关系，只是暂时的，我还是很棒的，我一定会成交！"。果不其然，一个月下来，他的成交量节节攀升。

所以说，信念就像一个过滤眼镜，你戴着什么色的"信念眼镜"，就会过滤一些、吸收一些相反的或者同频的事物。

当你相信赚钱辛苦，当财富来的时候，你那个信念的过滤眼镜就会把辛苦、痛苦的感受吸收到你的世界中来。然后你的确感觉到辛苦，即便暂时没有感觉到辛苦，你也会感觉未来肯定有辛苦的事情发生。并且当你这样想的时候，你就像一个隐藏的发报机，源源不断地发射这样的信号，去等待着辛苦、辛酸的到来。这就是信念的威力。

我们需要把自己的限制性信念外化，去看见它，把它拿出来，然后把它释放掉。

从这个角度来说，吸引力法则可能并不是需要我们去吸引一些东西，而是清除掉一些限制，恢复我们身上本来就具有的某些能力而已。

也就是说，当我们没有那么多限制的时候，我们本身就应该是心想事成的。这并不是什么超能力，也不是什么奇迹，而是一个人与生俱来的本事。

第二种是想要操控，想要滥用。

判断你是在单纯地做吸引还是想要操控，很简单，看一下自己的发心，是不是狂妄自大到自以为可以去改变别人的命运，甚至创造一切，如果是，那你就是想要操控。

吸引力法则是不能用在别人身上的，你不能拿它去帮别人改变他的结果。你应该感谢这种设定，否则你可以想象一下，你的生命中会出现一堆你不想要的东西，因为谁都可以把他不想要的东西通过吸引力法则塞给你。

你也不能拿它去从事一些不好的事情，比如赌博、诅咒、伤害别人。当你这样使用的时候，其实对你自己也不会有好的结果。当你想要去伤害别人，想要用一些不好的东西给别人施加影响的时候，其实你自己也在被这些能量反噬着。

玉珏午休时发现，跟自己关系不错的女同事趴在桌子上抽抽搭搭，一问，才知道她发现自己的老公出轨了。女同事跟她老公的关系一向不好，她老公经常不着家，冷暴力。昨天女同事洗衣服的时候，发现她老公口袋里有两张新上映的电影的票根，于是女同事趁老公熟睡时翻看他的手机，基本证实了老公出轨。

玉珏为人一向仗义，看到女同事如此痛苦，就决定用吸引力法则帮帮她。她向宇宙下订单，要帮助女同事吸引到和美的婚姻关系，想给女同事老公出轨的对象吸引到倒霉和灾祸。

殊不知，看起来一番好心的玉珏，却犯了吸引力法则的多条"大忌"。

所以运用吸引力法则的时候，你要注意你的发心，不要是狂妄的，要带着谦卑和敬意，不越界，不干涉别人的命运，也不要出于好奇去做无谓的测试。

吸引力法则的目的不是去改变你现在拥有的东西，而是去顺应你的命运，让你的生活变得心想事成。

所谓"命运的主人"，并不是运用吸引力法则去操控自己的甚至别人的命运，相反，命运的主人首先会臣服于命运。

我接受我的命运就是如此，我接受我身边的人就是这个样子的。我有这样的父母、这样的家庭、这样的伴侣、这样的孩子，有这样的事业、这样的优点和缺点，我拥有的一切都非常好，我愿意接受这一切，并不想要改变。我更不想要去改变身边的人，因为他们就是这个样子。我愿意去感谢、感恩命运的所有馈赠，无论好与坏，无论是爱我的人还是恨我的人。——这才是真正地臣服于命运。

基于臣服，你才开始获得力量。当你开始臣服于命运、顺应命运时，你就不需要与命运抗争，命运自然也不需要与你相抗，命运就不会成为你的敌人。

生活可能会很累，这是因为你在走上坡路，你命运的趋势在往上走。而当你真正有效运用吸引力法则的时候，应该是很轻松的，就像骑自行车从坡顶向下骑一样，顺着重力，顺着坡度，很轻松地就能够到达。

第三种是过度地渴望、抓取和控制。

前面我们讲过，太想要一个东西，反而会得不到，因为你释放了大量的紧张和恐惧。太排斥负面的念头时，太想要转换成正面时，就会导致强迫。

释放法的精髓是欢迎，而不是消灭。

当你每天在做观想和接收的时候，总希望自己处在一个好的状态中。但是你要知道，你是一个有七情六欲的人，你每天出门会碰到形形色色的人和不同的事情，有你喜欢的，也有你不喜欢的，你的情绪仍然会照常产生。

情绪并不是问题，怕的是当我们学了一些与情绪相关的知识之后，总希望自己是正向的、正能量的，是充满欢乐的。我们千万不要进入另外一种偏执——如果达不到正向，我们就非常急迫、焦虑、害怕、恐惧。当我们这样的时候，我们已经落入了陷阱中。

练习：释放匮乏和不可能的感觉

在潜意识的负面信念当中，有一部分是关于不可能和匮乏的，这是比较普遍和严重的一种情况，我们可以通过冥想去释放它。

现在请你找一个可以让自己安静地站着的地方，同时你的右手抓住一支笔，或者是一根棍子，或者其他有一点重量但又不会摔坏的东西。

摊开你的右手掌，看着这支笔，做几个深呼吸，放松自己。

回想你在练习吸引力法则的时候，是不是设定目标的时候，你总觉得没有办法达到，或者觉得太困难了。

可能是你过去想要实现一些东西的时候，比如想要成功，想要有钱，想要健康，想要有很好的伴侣、家庭、事业等等，你的内在总感觉有些不确定。当你提到这些想法的时候，你的内在总是有种深深的匮乏感，你感觉自己做不到。

看着你掌心中的这支笔，仿佛看见了手掌中的这个物件就是你的那个匮乏的信念，那个做不到的信念。

请你轻轻地抓住这支笔，就像握住你的那些信念一样，然后闭上眼睛。

请你深入那种觉得自己不可能做到、不配得到的感觉，有可能是很深的无力感和匮乏感。当你这样感觉的时候，你的身体是怎样的感受呢？留意你的呼吸，你肌肉的松紧，你胸部和腹部的感觉。

用力握住你的右手，把所有这些匮乏的感觉、不可能的感觉、做不到的感觉都转移到你右手掌心紧紧握住的笔上，因为你知道这支笔代表着你的匮乏的信念，所以现在你把所有匮乏的能量都转移到这支笔上。

现在去感觉一下你右手紧紧握住的这支代表匮乏的笔，然后去留意一下你的身体里还有多少匮乏的能量。如果有，你可以放松呼吸，然后更用力地去握紧你的手，去握住这支笔，想象你把所有匮乏的、不可能的、做不到的能量都转移到你右手的这支笔上，让它外化出来。

现在请你睁开眼睛，去看清这只紧紧握着的手。你可以翻来覆去地、仔细地看它，仿佛你把你所有匮乏的能量都抓出来了。当你看见它时，你可以对自己说："哦，原来是你在我的身体里、在我的潜意识里运行了这么久。"

请你把这只握住笔的手紧紧地贴在自己的胸口上，再次去感受它，感受你曾经如此完全认同的这种匮乏的感觉。

然后让你的手慢慢放松，但这支笔还紧紧地贴在你的胸口上，仿佛再一次让你完全去认同你的这个匮乏的感觉，重新让你的脑海里去翻滚那些感受、那些念头：我做不到，这个太难了呀，我不配得到。

不需要去控制它们，你允许它们都出来，允许那些你曾经对自己说过的话溢出来：我做不到，这根本不可能，我感到失望、绝望，甚至对自己感到愤怒，这个世界没有奇迹，我是个蠢货，我根本没有办法改变自己。

那些话是你在匮乏的状态下告诉自己的，现在用一分钟的时间把它们说出来，重新让你融入这个匮乏感。

当你一边说的时候，一边更用力地把这支笔、这只手掌紧紧地贴在自己的胸口，仿佛你和这个匮乏感是一体的，不分彼此，就好像你深深地认同了这就是你身体的一部分。

做个深呼吸，放松你的额头、你的肩膀、你的牙齿。

再次将你的右手紧紧握住这支笔，让你的右手离身体远一点，去再一次感觉把你内在所有的匮乏感、所有的不安全感、所有做不到的能量外化在你手掌当中的这支笔上。

留意你的身体里面还存在着多少匮乏的能量。如果还有的话，你可以通过呼吸，通过你握紧的拳头，把这些能量外化在你的手掌中。

把你的注意力扩大，去想象同在此刻，有成百上千人都在跟你一样做这个练习。他们和你没有什么不同，每个人都深深地认同他们自身的匮乏感，他们也都曾认为这些匮乏感就是属于他们自己的不可更改的一部分。

闭上眼睛，想象看见很多人和你一样做着这些动作，他们也从自己的身体里去抓取这些匮乏感，紧紧地握在自己的右手中。

向后退一步，闭上眼睛，仿佛可以看见在你前面有一个自己，这个自己也跟你一样抓着这支代表匮乏感的笔。

做个深呼吸，告诉自己："亲爱的匮乏感，谢谢你陪伴了我这么久，谢谢你一直在提醒我，你让我学到了什么是念头，什么是我。现在我知道了你只是我抓取的一种能量而已，你并不是我与生俱来的一部分。现在我决定让你自由。"

伸直你的右臂，手中紧紧握住这支笔，掌心向下，闭上眼睛再次去端详自己紧紧抓住的匮乏感，去看在过去的岁月里你曾经那么执着地拥有着的它，然后你说："谢谢你，你教我懂得了很多。现在你自由了，再见！"

做个深呼吸，松开手，让手中的笔自由地落在地上，同时仿佛感觉到你曾经抓取的匮乏感也落下了，成为一些消散的能量，离开了。

用你的双手轻轻地抱着自己，面带微笑，做几个深呼吸，忽然明白你曾经执着的一切，都只是一种对自我狭隘的认同而已。

做几个深呼吸，放松自己，然后双手慢慢地打开，允许更轻盈的能量进来，去感受一下当你释放掉这些东西以后是怎样的感觉。

再一次让你的双手舞动，去触碰更大的空间，让你的意识、你的能量边界去发散、扩张，让你的注意力慢慢地从你自己扩展到整个城市、整个地球、整个宇宙。允许你自己的身体跟随着这个感觉温柔地舞动，允许你的双手去自由表达。

去感觉当你呼吸的时候，整个宇宙也在和你同时呼吸，然后你可以告诉自己："我和宇宙是一体的，不分彼此，我值得拥有最好的一切，我能够实现我想要的，生活中充满美好和奇迹。我爱宇宙，宇宙也爱我，我越来越快乐，越来越具有吸引力。"

当你说每一句话的时候，允许这些语言的能量和你同在，同时允许这些能量通过你散发出去。

你继续对自己说：

"我吸引各种美好的资源来到我的身边。

"我的每一天都充满了快乐和感激。

"我有足够的能力去面对任何事情。

"我越来越欣赏自己，越来越爱自己。

"我是一个独特的、可爱的人。

"每个人都愿意帮助我、支持我。

"我越来越强大，越来越快乐。

"我爱每个人，我就是宇宙当中那个最强的磁铁。"

保持这种感觉，跟随着音乐，继续让自己维持在这个能量里。如果你还有哪些话想告诉自己，你可以继续对自己说。

当这个冥想结束以后，允许自己在现实中也生活在这样放松的、美好的能量里。

第四部分

吸引力法则
带来想要的一切

吸引　自己　的　奇迹

⟡ 吸引财富的方法

人人都爱钱，但为什么那么多人觉得赚钱辛苦呢？

其实很多人对金钱的看法都是有误区的，在他们的信念里，跟钱的关系或者对钱的想法，都散发着驱逐钱的能量。

有一次跟一个朋友聊天，他很想要钱，很想涨工资、中彩票，拥有许多财富。

我说："你可以用吸引力法则吸引金钱啊！"他却犹豫了，想了想说："钱是万恶之源。我觉得太有钱也不是什么好事，无商不奸，有钱人也都不是什么好东西。你想，要挣那么多钱，手上肯定会沾点罪恶。"

他的论点让我大吃一惊。

提到钱，我们好像有很多误区。有的人觉得钱很肮脏；有的人觉得赚钱就是去剥削别人，挤占别人的资源；有的人觉得太有钱就是来路不正；有的人觉得有钱不一定是好事，管理太多钱麻烦又危险；有的人觉得说出想要很多钱就很有羞耻感……

如果我们对金钱的观念是这样的，那么在内心深处，就已经释放了一个信号，让金钱远离我们。

《你值得过更好的生活》的作者沙因费尔德说过，有三个很常见的我们深受其害的与金钱相关的信念：

第一个，"财富供给有限"。我们总觉得钱是很有限的、很稀缺的。

第二个，"金钱会流动"。当你花钱的时候，钱就到了别人那里，你的钱就少了。我们必须囤积我们的财富，要懂得节约，要去做收支平衡，否则我们的钱就会减少。

第三个，"为了增加个人财富，你必须更努力或更聪明地工作"。

根据前面所讲的吸引力法则的原理：

如果你感觉缺钱，你的频率振动中有对钱的匮乏感存在，你就会一直吸引缺钱的状态。

如果你是排斥钱的，钱就不容易过来，而且很容易失去。

如果你觉得钱是有限的，你花出去以后钱就减少了，你始终有这种匮乏感，那这样吸引来的就是你总是会觉得钱不够用，钱会少之又少。

如果你觉得要增加财富，你就必须更加努力地工作，那你吸引来的就是那些很辛苦的事情，日复一日，年复一年，辛辛苦苦地用时间、体力、精力去换取金钱。

富裕其实是一种感觉。要刻意让富裕的感觉成为我们现在的状态，成为我们现在的能量泉。

很多人没有足够的金钱，是因为他们的思想在阻碍金钱朝他们而来。一切负面的思想、负面的感受、负面的情绪都是在阻碍好的事情的到来，包括金钱。

你必须在思想的天平上，从缺钱的那一端倾向于财富有余的那一端。

我们之前讲过，当你需要钱的时候，你的心里面会产生一种很强的对金钱的渴望、欲望、愿望。基于吸引力法则，你会继续吸引到"需要钱"这件事情，所以你会继续匮乏，因为只有匮乏的时候，你才最需要钱。

而当你专注于把快乐和喜悦的感觉散发到宇宙中的时候，就会把所有能够带给你快乐和喜悦的事情吸引过来，不仅仅是金钱的富足，还包括你想要的一切。

所以我们必须找到一个在现在没有钱的情况下的快乐，找到现时就能感觉到愉悦、美好的方法。

金钱吸引力倍增的方法

第一，释放我们的限制性信念。

比如，我们觉得金钱是肮脏的，赚钱很辛苦，赚钱不容易，钱永远会不够，等等，这些限制性信念都需要被释放。

前面已经给大家介绍了圣多纳释放法，我们可以用它去释放这些信念。

比如当你觉察到"你觉得赚钱很辛苦"这个想法之后，你可以明白这只是一个想法、一个信念，你可以用圣多纳释放法去释放它。

你需要明白金钱是一种能量，同时你要释放对金钱善恶的评判。

你很想成为有钱人，但同时你又觉得有钱人没有什么好人，所谓"无商不奸""所有的金钱都沾染着罪恶"，那些有钱人肯定牺牲了很多道德，做了很多坏事才获得那么多财富，那你怎么可能成为一个好的有钱人？

当你提到钱、提到赚很多钱的时候，你有什么样的感觉，是否觉得匮乏、有压力、复杂、紧张、焦虑，如果是，你需要把这些感觉、情绪用圣多纳释放法释放掉。

再一点，就是不论在思维上、言语上、行动上，都要符合有钱人的一贯风格，删除类似"我买不起，我负担不起，这太贵了"的想法。因为当你有这些想法、言语和行动的时候，你其实就是在任由自己散发出匮乏的能量。

你每天都要满心喜悦、坚定地相信你自己拥有丰足的金钱，去观想自己拥有梦想当中的财富，并且正在享受它。你可以列个愿望清单，去想象一下当你有钱的时候，你要去买什么，享受什么。

第二，就是要热爱金钱。

必须爱钱。如果你都不热爱金钱，不感谢金钱，那怎么能吸引到它，它怎么会过来呢？

所以我们需要去感谢已经拥有的金钱。当你触摸到钱的时候，想到钱的时候，你都需要去表达谢意，去感谢围绕在金钱上面所带给你的很多快乐、便利、富足。

同时你要去尊重那些有钱的人、成功的人士，你不要戴着有色眼镜去道德批判他们，你要看见他们做了些什么事情，给人类、社会做出怎样的贡献，才让他们获得了金钱的回报。

你需要去尊重那些成功人士身上值得尊重的地方，去赞美、学习他们身上或多或少总会有的优秀特质。

第三，享受花钱的乐趣。

当你吝啬花钱的时候，你很难吸引金钱。因为花钱的时候觉得很揪心、很痛苦、很舍不得，这就是一种匮乏感，只能吸引更多的匮乏。

花钱就应该享受花钱的乐趣。当你很快乐地去花钱的时候，钱也会被你吸引过来。你花钱的时候可以送上你的祝福，祝这些钱可以给接收到它们的人带来快乐，也可以给你带来享受金钱的快乐，所有的好运都可以加倍流回到你自己身边。

第四，每天对金钱去做零极限的四句箴言。

第一句是"谢谢你"，也就是向金钱表达感谢和感恩。

你感谢金钱可以让你买东西，让你拥有房子、车子、珠宝首饰、数码产品，让你可以给家人、朋友买礼物、买食物，让你可以去看演唱会，可以去各地旅游，等等。你需要去感谢金钱给了你很多的时间、空间和生活便利。

第二句是"对不起"，也就是向金钱表达歉意。

如果你曾经做过对金钱而言不好的事情，或者没有用好金钱，浪费金钱，不尊重金钱，忽视金钱，用偷窃、欺骗、赌博以及其他一些不正当的手段获得了金钱，你就需要去做一个忏悔和说声抱歉。

这个表达是非常有必要的，如果你不做这个功课，那你的潜意识里是内疚的，带着内疚和罪恶感的情绪，会释放着相应的能量，让你吸引到不好的东西。所以如果你做过一些对金钱而言不好的事情，忏悔对你自己是有帮助的。

第三句是"请原谅"，用这句话去祈求宽恕。

在这里我们去祈求我们所伤害过的人宽恕我们。我们愿意对自己过往发生的一切承担责任。我们愿意真正去改变自己过往的错误行为。

第四句是"我爱你"，就是去表达对金钱的渴望。

对金钱说："我很需要你，我很爱你，我很希望你能够过来。"就像你喜欢上一个男孩子／女孩子一样，你得表达出来，你得向他／她示爱，求婚，你总不能羞羞答答、不发一言地寄希望于他／她自己到你身边来吧。

你对金钱有没有强烈的意图和渴望？或者说你有强烈的意图和渴望，但你为什么羞于表达？可能是你潜意识深藏的羞耻感，也可能你是觉得金钱不是个很好的东西，你需要弄清楚你内心隐藏的信念，并做一个清理。

结束的最后，你可以告诉金钱也告诉自己，你将来会怎样使用这些钱让你的人生甚至别人的人生变得更好。

你可以做一个详细的规划，并罗列在纸上，找个安静的地方，用坚定的信念掷地有声地表达出来。

如果你每天都对金钱去做以上这四句零极限箴言，相信假以时日，你内心的金钱观会非常正面、坚定，你的金钱吸引力会能量倍增。

第五，把吸引金钱的目标改为达成天赋的目标。

在我们使用吸引力法则吸引金钱的过程中，我们不妨试试把从前设定想要达成的目标的具体金钱数额——我们想要在一年当中赚到多少钱，一个月中赚到多少钱——改一改，去吸引金钱背后那个更加让你能够实现天赋的东西。

从事营销策划的晓磊工作之余，在网上写小说，他很想成为一个被更多人看到的网文作家。无奈平台机制所限，在浩繁的网文中，要被发现实在太难，他写了大半年，读者也就寥寥几百人。

于是晓磊想了个办法，在一些短视频、图文平台上，放上自己制作的小说精彩片段，吸引大家到平台上观看。有其他作者看到他的精彩推荐，就请他帮忙策划营销，让晓磊小赚了一笔。晓磊还发现了不少写得非常精彩的小说，又推荐给一些剧本经纪公司拿去投拍网剧。几番运作下来，晓磊一手联系网文作家资源，一手联系影视公司，凭着他优秀的沟通能力，促成了好几桩生意，服务了更多的人，自己的财源也来了。

所以我们可以改去吸引金钱背后那些我们更加擅长的、更加是我们天赋的事情和工作。当我们聚焦于我们所擅长的事情上时，我们会更加专业，甚至成为业界大佬。我们会变得非常轻松和快乐，自然我们赚钱也会变得容易。

以上就是金钱吸引力倍增的五个方法。它们背后的原理其实都是我们前面所讲过的吸引力法则的原理，就是当你能够生活得像一个有钱人，思考得像一个有钱人，每天的情绪像是一个有钱人的情绪，那你自然就会变成有钱人。

你可以站在富人的角度，想象一下你怎样看待金钱，怎样看待成功人士，怎样看待事业和工作。

如果你是个亿万富翁，当你想到金钱的时候，你会想到金钱是肮脏的吗？会觉得赚钱很辛苦吗？我想大概率是不会的。

亿万富翁想到金钱的时候，可能会觉得赚钱很容易，很多人可以帮他赚钱，只要找到好的商业模式，钱自己就可以生钱。金钱拥有很大的能量，能帮助他做很多事情，金钱给他带来了很多美好的东西，他很感谢它。

当你是个亿万富翁的时候，你想到有钱人，会想到什么呢？会觉得有钱人都不是好人吗？我想应该也不太会。

如果你是个亿万富翁，当你想到有钱人、成功人士，你肯定会想到，他们都是值得敬佩的，他们身上有值得你学习的优秀品质。这位一定是个很了不起的人，那位是个很有智慧的人，你看见他的身上有很大的能量，你想投资他，你想和他一起做生意，等等。

所以你为什么没钱？就是因为你让自己活得像一个穷人，并不是你拥有的东西像一个穷人。

想要变得有钱，就先让你的思维、你的能量、你的情绪达到有钱人的境界，之后，钱只是顺带的礼物罢了。

功课　冥想：我爱金钱，金钱爱我

温柔地闭上眼睛，做几个深呼吸去放松自己，问问自己：

"我对金钱，对财富，是怎样的需求和感受呢？

"我需要它们为我带来什么？实现什么？

"我为什么渴望这些？"

感觉你身体的内在仿佛有个空洞，你很想用金钱和财富去填满。

扔掉所有不可能，大胆想象一下，现在有了足够多的财富来到你身边，让你内在的渴望被填满。

做个深呼吸，放松心情，去感受一下，此时此刻，你拥有了足够多的、源源不断的金钱，你是怎样一种感觉？

最初体会到的可能是惊讶、狂喜、快乐，这背后又是怎样一种感觉？

仔细地体会这份兴高采烈的背后的感觉，也许是一种深深的安全感，也许是很深的平静，甚至是感动。

进入这种感觉，进入这种有了足够多财富以后的安全感、平静和感动，去和这种感觉待在一起，让你自己成为这种感觉。体会此时此刻你真的可以放松下来了，想象自己是安全无虞的，是富足的。你原来真的有资格获得一切，现在的你是足够优秀美好的。

记住这个感觉，当你需要的时候，你随时可以找到它。

告诉你自己："现在我已经体会到拥有足够多金钱的感觉了，曾经的那些不安全感、匮乏感、缺乏感可以松动，可以消退了。"

轻轻地用双手拥抱着自己，进入这个感觉，这一刻你是安全的、放松的，那些恐惧感已经消失，那些对生存、对不稳定的焦虑也消失了。

你可以对金钱说："是的，谢谢你，金钱，谢谢你带给我那么美好的感受，原来这种感受和状态才是我真正想要的，我为此而谢谢你。"

可能你曾经对它有诸多批判，觉得它很肮脏，甚至鄙视它。你知道你的内心也渴望金钱，但是你未曾好好地看过它。

你可以跟它说："谢谢你，金钱，谢谢你给我带来我的手机、我的房子、我的车子，给我带来了很多时间，能够让我去很多地方玩。"你需要说出你要感谢的具体事项。

给自己一分钟时间，去表达这个感谢。

接下来，对它表达歉意。你可以说："对不起，我曾经通过欺骗别人换来金钱，今天我在这里进行忏悔。"跟表达谢意一样，你需要说出具体歉疚的事件。

再给自己一分钟时间，去表达这个歉疚。

接下来，你可以做一个总结陈词。

你说："金钱，请原谅，我现在看见了你的本质，你就是一种纯粹的能量，伟大的、流动的能量，是一种交换的能量，我愿意尊重你。"

你说："金钱，谢谢你，我爱你，我需要你，我欢迎你，我渴望你，当你来的时候，我带着愉悦迎接你。"

闭上眼睛，深呼吸，向宇宙对金钱释放感恩、欢迎、喜悦的能量。

你可以告诉自己：

"我值得拥有无限的金钱。

"我就是宇宙当中的吸金石。

"我能够吸引无限的金钱和资源来到我身边。

"金钱是无限的、充足的，每个人都可以足够地拥有。

"我可以足够地拥有。

"我决定让自己很快乐地拥有金钱。

"我感谢金钱，我很爱金钱，金钱也爱我。

"金钱能够帮助我，通过金钱，我能够去实现更多的梦想和理想。"

还有哪些话是你想表达的，就继续表达给神奇的宇宙，表达给富足的金钱。

☾• 吸引亲密关系

人的亲密关系不只是我们喜悦的最大来源，同时也是我们伤痛最大的来源。如果我们要愉快，同时也要让这个世界快乐，我们就必须从亲密关系着手。

在所有的关系当中，亲密关系是一个比较特殊的关系。

第一个特殊性，亲密关系所涉及的吸引力法则的对象是人。

你要吸引的是人而非事物，人有情绪、情感、思想、思维，这就涉及吸引亲密关系的第二个特殊性，就是吸引力是相互的，不是单向的。

有一次跟几个学员聊天，其中一个学员问我："我能不能跟我老婆复婚啊？我能不能让她回来？我该怎么去设置这个目标呢？"另一个年纪较轻的学员则得意地说："我现在正在做吸引力法则练习，你们看着吧，到时候我就把我爱豆（偶像）吸引来了。等我跟我偶像结婚的时候，你们可要来参加婚礼哟！"

其实，每当大家出现这些问题的时候，我总会问他们第二句："那么，你想吸引的那个人想来吗？对方是在做排斥还是在做吸引？"这是很重要的。

我们总是一厢情愿地认为"现在我需要你回来，你必须回来；

现在我喜欢你了，你必须过来，你必须喜欢上我"。但是你有没有问过对方，他是不是喜欢你，你是不是让他觉得有吸引力。

况且，如果你单方面吸引可以产生作用的话，那才是一件很可怕的事情。这样人人都可以用吸引力法则吸引来自己想要的人，不管对面这个人想不想被吸引来，这岂不是乱套了。

如果你在十几亿人口里面紧紧地锁定了一个根本对你无意的人，并且只想要他，别无他求，这样去做吸引的话，很有可能你只是在自寻烦恼。且不说吸引力的相互作用，光是目标收得太窄，就排除掉了太多其他幸福的可能性。可能更多合适的人，更多能给你带来幸福美满家庭的人已经出现在你的生活中，但由于你过度聚焦于、执着于那个不合理的单一目标，因而失去了很多获得幸福的机会。

吸引亲密关系的第三个特殊性，就是长期的匹配比短期的完美要更加重要。

第四个特殊性是亲密关系的状态是随着你的状态的波动而变化的。

亲密关系不是一成不变的，你处在怎样的状态，有怎样的经历、怎样的价值观，你自己的心灵成长到了怎样的阶段和层次，那么适合你的亲密关系也是变化的。

永恒不变、一生一世、白头到老的关系不一定是最好的关系，具体还要看双方的匹配度。

电视剧《金婚》里，男女主角的婚姻，引起了一些不同的看法。

有人说，如果说两人青年时代的感情摩擦是生活情趣，那么，两人中年时代因外遇已经貌合神离，他们主要是为了家庭的完整在强行支撑。

如果双方非常恩爱，当然一生一世的关系是最好的。但是如果两个人的相处已经到了相互攻讦很内耗的程度，到了无以为继的阶段，那么这时候选择分开也未尝不可。

在吸引亲密关系时，我们着重要做以下几门功课：

第一门功课是对旧关系的清理。

所谓旧关系，就是看一看你的心里是不是还爱着某些不该爱的人，是不是有曾经的伴侣让你无法释怀。如果答案是肯定的，那你就需要去做清理和处理。

当你的内在还在跟你旧的亲密关系有深深的联结时，无论是爱的联结还是恨的联结，你的能量都是不完整的，你没法把所有的能量都给到你新的伴侣，所以我们必须跟旧的关系告别。

竹筠跟丈夫的关系比较淡漠，总有一些生分、一些疏离，相敬如宾，却总觉得缺乏一些相爱的融合感。直到一次参加同学会，竹筠遇到初恋，才恍然明白，这些年她一直后悔当初因为一点小事就冲动跟初恋分手。分开后的日子里，她时常会涌起这种悔恨，心里深深地怀念初恋。

内在还放不下跟初恋的这段感情，就没有办法和当时的这个人、这段感情去做了结，难怪竹筠一直没有办法真正跟丈夫情投意合。

道理很简单，因为她的内在还有其他的人、其他的声音、其他的能量在牵扯，这时候她释放出去的吸引，是对过去的留恋、对现在的忽略。造成的结果也很简单，就是没有办法在现在有一段完美的关系。

无论你是对曾经的伴侣怀恨在心、无法原谅，还是觉得思念成灾，不愿忘却，都是一样的，它们都会紧紧地将你绑在那个人身上，让你没有办法清醒地活在此刻。

你必须释放从过去到现在依然存在的挫折、伤害和悔恨。

对于那些恨、不满、抱怨，你需要去宽恕，宽恕对方的同时也放过了自己。

对于那些不舍、留恋，你需要去做释放，去做完结，真正把你内在的空间腾空，把你内在的残余能量清理干净。

还有很重要的一点，不要去跟别人诉说你之前的伴侣、之前的亲密关系的不好。因为吸引力法则不知道你是在回忆还是在抱怨，抑或是在担忧，吸引力法则只会给予你更多它认为你在关注的事情。

如果你整天抱怨你的前任不好，那么不论你说的是对的还是错的，根据吸引力法则，你也知道会给你带来一个怎样的新伴侣。因为你的意念都关注在那些负面的东西上，所以吸引来的这个人很有可能也是给你带来痛苦的人。

我们需要感激之前的伴侣。即便你们已经分开了，即便你们之间曾经发生过很多不愉快，但对方也付出过自己的时间和精力，他也陪伴你度过那些日子。这是一段缘分和业力，你们之间是一种相互的选择，你们需要为这个选择付出代价。

清理旧关系最简单的方法，就是写一封告别信。

你可以找一个合适的时间和空间，认真地给前任伴侣写一封告别信，当然，这封告别信你不一定要寄出去，只是对你内在纠葛的终结。

告别信可以包含以下几个部分：

第一部分，你需要去感谢你们经历过的、拥有过的时光。无论你们两个之间曾经发生过什么样不愉快的事情，但是在最初相识相爱的时间里，你们总是有过让彼此快乐的经历。对方也曾经给予过你很多，哪怕他是吝啬的，那个吝啬的人也尽他所能给了你很多东西，所以你要为这些去感谢他。如果你们有共同的孩子，你们曾经帮助对方去照顾过彼此的家庭，这些也需要被看见、被感谢。

在你的信里，你需要把这些都写出来。

第二部分，你需要告诉自己、告诉对方，这段关系现在已经结束了，已经成为过去，所以你会收回投射在他身上的这些情感的能量。

第三部分，你要告诉对方，因为你们之前是伴侣，所以你们在彼此的心里都有个位置。这个位置是前任伴侣的，它仅代表一个发生过的事实而已，但是你需要把那个相爱的能量收回来。

之后你可以给予他祝福，也请求他能够给予你祝福，你们之间的爱演变成一种很纯洁的大爱，并且只能是这种纯洁的、不沾染杂念的大爱。你们之间可以相互祝福，但是再没有儿女私情。

当你完成了这一封信，你可以每天拿起来去看、去读。当有一天你感觉你的内在已经完全干净了，没有对对方出格的杂念，没有情爱牵扯的感受，对过去的经历、过去的伴侣没有任何残余的念力时，你就可以把这封信烧掉。

这就是吸引亲密关系的第一门功课，告别旧的关系。

第二门功课是清理负面的信念，就是去处理那些不相信自己值得并可以拥有一份完美的情感，不敢表达，不敢接受，以及其他自我排斥的信念、心理、情绪。

在我们曾经的成长教育中，大部分人都被教导要"温良恭俭让"，要先人后己，把自己放在最后一位。"孔融让梨"当然没错，但关键要看你谦让是出于爱还是出于需要别人的认同，这两种出发点昭示的内在是不一样的。

"我们不够好、不值得，我们不够美丽，我们不够努力，我们没有外界想象的那么好，那么别人肯定会发现我们不够好。哪怕有段美好的感情，有一天他也会发现原来我是这么差的一个人，他也会离开我。"——当我们拥有那么多限制性想法的时候，我们怎么可能去吸引好的关系呢？我们吸引过来的经常是认为自己没有价值、不值得的感觉。

诗诗是一个很优秀的女孩子，样貌端庄秀丽，上学时成绩优秀，本科和研究生都读了很好的大学，毕业后也有了一份外人看来很吃香的工作。就在大家以为她顺风顺水，接下来就是觅得如意郎君的时候，她却找了一个各方面都不如自己的丈夫。

诗诗的一个同事大姐心直口快，对诗诗说："诗诗啊，你看你老公，学历、家境、工作、长相，哪儿哪儿都不如你，你怎么就选了他呢？"诗诗却一脸茫然："啊？我觉得他挺好的，我也挺一般的吧。"

很多时候，一个条件很优秀的人，选择的伴侣却条件一般。因为这个外人看起来优秀的人，内在却始终没有认可自己，始终有个信号在发射，觉得优秀的人看不上自己，或者总有一天会不再喜欢自己，甚至被优秀的人追求，都会本能地拒绝。就像诗诗，一直不乏优秀的男子追求，但她总觉得自己配不上，自己不够好，这就是没有资格的一种表现。

所以针对这些负面的信念，我们可以通过以下方法来逐步清理。

第一个是增强资格感。

第二个是接纳自己、爱自己。

第三个是将你的外在评价的导向转到自我的内在评价。你可以用正面宣言的方法，渐进式相信的方法，等等。

第四个是用释放法去释放负面的念头和信念。比如我们前面讲的圣多纳释放法就可以。

这就是我们需要去做的第二门功课，去处理自己内在的自我排除。我们用增强自己的资格感、爱自己、释放负面信念的方法，认为我们自己是足够好的，甚至是完美的。只有这样，我们内在的能量才会圆润、饱满，我们才能为自己吸引来最好的伴侣。

第三门功课是"伴侣并不是越完美越好"。

小戴想找一个完美的对象，他去做吸引力法则，在吸引伴侣的目标选择的时候，他列出一大堆清单。他说："这个人有颜值，有才华，家境出身也好，要爱我，听我的话，事业做得好，又要顾家，爱孩子，爱小动物，总之就是有爱心，这才是我的灵魂伴侣。"他朋友对他说："你是不是搞错了，不是完美的人才叫灵魂伴侣，况且完美的人也不一定就适合你吧！"

很多韩剧里总是一个傻傻的女生遇到一个霸道总裁，或者一个落魄的男生遇到一个美丽善良的富家千金，这些都是人的臆想，真正的生活是寻找合适的，不是寻找最完美无瑕、金光闪闪的。并且，一个完美的人，说的话总是正确的，道德永远高尚，充满大爱和才华，充满智慧和温柔，如此完美，不一定适合与你待在一起，你会发现他反而离你越来越远。就像《武林外传》里的金湘玉，一个完美的角色，反而不如有血有肉的佟湘玉更吸引人，更适合白展堂。

寻找伴侣并不是去挑选一个最完美的、没有缺点的人，伴侣是相互倾心、相互做伴的人，所以你想要去吸引对方，你对对方而言也得有足够的吸引力。

你需要找一个和你自己相匹配的伴侣，你自己的能量有多强，你吸引来的伴侣就是怎样的。否则，如果你现在觉得自己很弱，那么即便吸引来一个国王、大亨、绝世名伶，你也承接不住。在旧社会，婚配很讲究门当户对，从某种程度上讲是有道理的，就是他们的价值观、能量场可能是相互匹配、势均力敌的，所以结婚以后相对来说稳定美满的概率比较高。

如果你非得想要吸引一个完美的人，很简单，你看看你自己是不是完美的。

再者，亲密关系的核心是亲密，是相互看对眼、相互爱慕、相互支持、相互需求。

所谓亲密，是指能量场的高度匹配和契合。你想吸引国王，你就需要有王后的能量。你想吸引一个明星，你就需要有足够可以承载他的能量，事业、金钱、才华、容貌等等都可以，因为你们相互之间需要充满爱，彼此之间要相互爱慕、欣赏、倾慕。

亲密伴侣的吸引可以设定一些特殊对象的目标特质。我们在观想的时候，可以去想象我们所吸引的这个人有哪些主要的特质，比如人品好，有才华，等等，但不要过于贪婪，要求太多——光人品好就有"孝顺""仗义""善良""诚实"等细致的分类——去设置一些你个人觉得最重要的品质就可以了。

第四门功课是好好爱自己。也就是说，在亲密关系里面，最好的功课就是先学习爱自己。

你想要被爱，就得先让自己成为你心有所属的那个爱人、那个密友、那个玩伴、那个灵魂伴侣。你寻求向往的伴侣需要具备怎样的条件，你也要审视你自己是否展现了这些特质或者与之相匹配的特质。

比如当你想要吸引一个貌美、善良、有才华的伴侣，你要设身处地地去思考一下，如果你站在那个伴侣的位置，回头看看你这样的人，他会爱上你吗？如果答案是否定的，那你就需要竭力让自己成为那个连自己都会爱上的人。

当你爱上自己、欣赏自己的时候，宇宙也会将这份爱反射到你的身上。如果连你自己都不喜欢与自己相处，那你又如何去期待别人呢？

小茹上高中时，遇到了喜欢的男神。男神不仅学习成绩好，打篮球也帅。小茹经常上课时眼神无意中就往男神身上瞟，体育课上也站在场外给男神加油，无奈自己平平无奇，实在难以引起男神的注意。

小茹暗暗发誓，要努力让自己变得更优秀，以便让男神注意到自己。作为一名学生，她只能努力学习，提升学习成绩，不知不觉她的名次已从班级中游攀升到了前五名。男神逐渐注意到这个进步神速的女生，有时候还会向她请教一些问题，两人的关系逐渐变得熟络。

然而小茹却更加努力克制对男神的爱慕，更加努力地学习，终于考上了心仪的大学，这才开始对男神表白，没想到男神早就对她心有所属。

用爱和尊重来对待自己，发出那样的信号，达到那样的频率，然后吸引力法则才会让你的生命中充满爱你和尊重你的人。

想要获得爱，那就让自己填满爱，直到你成为爱的磁铁。

这就是亲密关系吸引力法则的秘密，你的职责在于你自己，除非你把自己填满爱，否则你没有什么东西可以送给别人。当你觉得自己不够好，你就是在阻挡爱，你在散发拒绝你的能量，你会继续去吸引更多让你自己觉得不好的人和事物。

爱自己的功课是我们每个人都需要去做的，具体方法很简单，你可以让自己扮演你所寻求的爱人，然后给自己写情书。

你可以表达对自己的爱慕、赞扬、欣赏，不要吝啬溢美之词，写下你认为自己最值得拥有的、令人爱慕的优点清单，要让自己也看得很心动。

接下来的 30 天或者 90 天，你可以一天两次脸上挂着舒展的笑容，站在镜子前对着自己读出这封给自己的情书。你可以告诉镜子中的自己，你是多么欣赏他，多么爱他，多么对他寄予厚望。

要注意的是，你写的情书必须带有强烈的情感，你不能像领导批示工作一样，说一些泛泛的夸赞之语，比如张三你很棒，你挺不错的，你很优秀，你很努力，等等。这种情书看上去更像是一份笼统的分析材料，缺乏情绪和情感。

要用你的感情去写，就像你真正爱上了那个人一样，你要处在热恋、欣赏、爱慕的状态里，发自肺腑地倾泻出动人的句子。

你可以看着镜子中的自己说："每当我认真地看你，你的热情、温暖、感性总能够触动我的心。我是如此地被你吸引，为你神魂颠倒，你是如此地独特，我总是在惊叹宇宙的神奇，它是如何用星河的光、圣河的水、精微的爱造就了你。我愿意跟随你的脚步，此生与你同行。"

这只是个例子，你可以根据你本人的具体特质来赞美自己。你的句子必须触动你自己，要带有情绪，让你感觉念这个句子的时候能够把自己融化。

念完情书以后，你仍然可以去重复一些句子。比如，你可以说："我是独特的，我爱我自己，虽然我不完美，但我仍然无条件地爱我自己，我是值得被爱的。"

你需要每天都热情地爱自己，每天都要对自己说甜言蜜语，让你觉得自己是足够可爱的、被爱的、值得爱的，把这些话刻在你的心上，刻在你的意识和潜意识里。

如果你足够热爱自己、喜爱自己，从你的言行举止里自然就会透露、散发出那种吸引人的魅力，你喜爱的、你期待的那个人，你想要吸引的那个对象，看见你的时候也会被你所吸引。因为这个时候就不只是意识和意图的吸引，你整个人都散发出那种让他难以抗拒的魅力。

第五门功课是制作爱的视觉书。

我们前面已经详细讲过如何制作视觉书，亲密关系里的视觉书很简单，要有你的照片，照片中的你要很快乐，要有代表情侣、亲密关系或者是你想要的温暖家庭的图片，用来唤醒你内心的感受。

你还需要一些正面宣言，就是关于你的情感、你的家庭的一些文字，表达你对找到真爱的正面信念和对自己的宣言。比如你可以在视觉书上写"美好的婚姻、甜蜜的情感是我们给予彼此的结晶"。

第六门功课是观想。根据吸引力法则四步骤里面讲过的，你需要去观想，去想象你打开爱的吸引力，打开心中的那盏灯，引导你想要的伴侣到来。

首先你去观想自己。观想自己的优点，观想自己是多么美丽、善良、富有才华和吸引力。观想自己非常爱自己，想象自己的吸引力在散发。当你的吸引力、你的魅力在扩散的时候，无论谁看见你都会喜爱你，因为你是如此优秀，如此独特。

观想在这个世界当中有和你相匹配的伴侣，他正在被你吸引，他正在朝你慢慢走过来。

你可能并不知道你想要去吸引的伴侣是谁，或者你已经有一些特定的对象和目标，都是可以的。去想象一方面他在吸引你，一方面你在吸引他，你们彼此相互吸引。

你并不是要把一个人强行吸引过来做"压寨夫人"，你们需要彼此欣赏，彼此给予。你可以去想象你们非常恩爱，相处和睦，双方都很享受共处的快乐。

这就是观想。

观想结束之后，你还需要付诸行动。

有人观想了一番意中人朝他走来之后，就继续两点一线，工作日上班，周末宅家打游戏，从来不出去活动。

既然我们决定吸引一个称心的伴侣，光宅在家遐想是不够的，我们还需要增加和外界及各种各样的人接触的机会，仔细留意周遭的一切，这样才可能会发现有合适的人来到我们身边。

☾ 从外求到成为自己心智的主人

我们之所以花这么长的篇幅，大费周章地详解吸引力法则，手把手教、一步一步去践行吸引力法则，就是为了让我们今后的人生能够持续保持高频状态，吸引人生的丰盛和饱满。

好的状态是需要刻意保持的，所以我们需要不断熏习自己，能够把吸引力法则从一个技术、方法变成自己的长效心态，让自己每天都处在高能的、好运的、心想事成的状态里。

从短期的目标来看，我们学习吸引力法则是为了记住这些方法、步骤，学习在必要的时候清理自己内在的垃圾，让自己变得澄澈一些。

从长期的目标来看，我们需要做出一些质的改变，从只是想要实现一些事情，变成过自我觉知的生活，成为我们自己心智的主人。

如果每天都能够处在一种好的状态里，你就会发现做很多事情都会很轻松，很容易达成。即便没有达成，你也会发现其他解决的方案，或者它其实并不妨碍你实现终极目标。

在吸引力法则的学习里，我们明白一个道理：我们去追求什么，希望获得什么，它既不低俗也不崇高，我们无须对它进行评判。我们可以热爱金钱、热爱名利、热爱成功，我们可以拥有一切，同时我们只需要放下我们对目标的控制就可以。

张德芬老师在《遇见心想事成的自己》这本书里，讲过一个故事，说如果你太执着于想要的东西，就有可能承受想象不到的痛苦，或者从一个更长远的角度来说，它未必适合你。所以这有可能是心想事成的一个陷阱，你费尽心机求了很久的东西，到头来变成一场噩梦。

在书中，主人公阿南很想娶到公主，神秘学院的王子就让他去做了个梦，让他在梦境中体验一下，看如果他的愿望真的实现了会怎样。阿南做了个悠长的梦，发现他的愿望真的实现了，娶了公主为妻。但最终的结果是因为公主娇生惯养，两个人产生了很多争执，然后公主吃醋，害死了他的一个朋友。

这就是心想事成的某个方面的后果。心想事成并不一定是对我们人生最大的贡献、最大的益处，当我们太执着于某一方面的得失的时候，结果并不一定是好的。

我们需要找到目标背后更深层次的目的。

有人的目标是做医生，别人问他："你为什么想要做医生？背后的目标、深层次的原因是什么？"他可能会说："我想要济世救人，帮助更多的人。"

"你为什么想要去救人、帮助人呢？""因为我想要更大的成就感。"

"那你为什么想要成就感呢？"他回答说："那是因为现在我的自我价值不够，我觉得如果去帮助更多的人，那个时候我就会认同自己。"

所以他吸引的终极目的是能够认同自己，如果这样的话，实现这个目标的方式就会有很多，并不一定是做医生。如果他执着于做医生，就是给自己设限，给宇宙设限，只是留下一条很窄很窄的路。

一旦你真正发现了你的内在需求，也就是你目标背后的终极目的，你就会发现满足你这个需求的道路和方式有很多。

有人曾经问道：怎样去随顺宇宙，宇宙给我的所有安排都要接受吗？问出这个问题，是因为没有发现背后最深层次的需求所在。当你能够在一个好的状态，真正明白自己潜意识里的深层次需求是什么，这个时候你才可以随顺宇宙。

比如你想拥有很多金钱。

你可以问自己："我拥有那么多钱背后的愿望是什么？当我有了这些钱，我想实现的是什么？"可能你背后的愿望只是想要实现一种逍遥自在的生活。

你也可以问自己："当我实现了这种逍遥自在的生活时，我还想去做什么呢？这个时候背后的愿望是什么呢？"你可能会说："我想要实现自己的价值，想要去帮助更多的人。"

想清楚之后，那你就可以把最初的目标设成这个背后的愿望，然后听从宇宙的安排。

当然，随顺宇宙需要你去完成本书前面的功课，让你能够熟练掌握吸引力法则的所有步骤，然后当你每天调整好自己的状态时，再去随顺宇宙。（如果你的状态很差，你不需要去跟随自己内在的决定。）在这种状态下你就可以达到一种境界，那就是老天给你的就是你想要的，这就是真正的心想事成。

相反，当你非常执着于目标的时候，你会变得非常愤怒。

亚楠有一次出去谈业务，因为当天会见的客户比较多，亚楠就设置了一个目标，希望吃饭的时候客户能 AA 买单。但是结账的时候，没有任何人买单，亚楠只好默默结了账，心里非常生气。

亚楠的闺密开导她："你为什么发展客户呢？你为了做生意。你为什么做生意呢？你为了赚钱。你为什么赚钱呢？你想改善自己的生活品质。你为什么要改善生活品质呢？你想要的是快乐。那么，没有人买单就可以阻碍你的快乐吗？"

反过来说，既然亚楠的目标是快乐，那她就应该相信，现在所发生的一切都是有道理的，都是在帮助她。挫折也必然是有原因的，也是给她未来带来快乐的资源。

亚楠设了一个让客户 AA 买单的目标，但是客户没有买单，她同样应该去感谢客户，感谢这个经历，因为她想要的最终目标是平静、快乐、放松，而不是让客户买单。当亚楠发自肺腑打心底真正放松了那个控制，神奇的事情发生了，其中两个客户找到亚楠，想要跟她合作，因为他们觉得亚楠待人慷慨随和，不拘小节。

随顺宇宙的前提是去观照我们自己的状态，状态很低落的时候，不要去跟随你的内在，那个时候随顺的并不是宇宙，只是你的执念而已。

如何才能够把自己调整到一个好的状态，以便我们随顺宇宙，每天都活在心想事成的状态中？这就需要我们根据吸引力法则的原理对自己重新进行编码。

我们的情绪都是怎样产生的？早上起来去工作，很不乐意。上班路上交通堵塞，不太愉快。在公司与同事吵架拌嘴，很不高兴。不满的事情那么多，满足的事情却那么少。即便有些事情满足了，我们又有了新的更大的欲望，想要获得的更多。这就是我们传统的情绪编码的模式。

传统的生存编码是想让我们生存和繁衍，我们总是觉得不足够，总是渴望更多，总是需要安全感，但是在这种模式下，吸引来的更多的都是匮乏。

要去除匮乏感，达到每天的丰盛状态，有几个关键：

第一，感恩和赞美。

第二，相信。

第三，爱自己。

第四，给予。

挑选出这四个关键，也不是说吸引力法则的其他功课就不需要做了，这只是几个让你能够每天达到好状态的补充功课，适宜在 90 天内践行。

第一，感恩和赞美。

你需要对人生中已经获得（过）的一切感恩。

首先，你得到了生命，得到了健康，得到了职位，得到了亲友，可能还得到了爱人和孩子，有自己的住所，每天有食物可以享用，等等。曾经有人养育过你，帮助过你，赞美过你，欣赏过你，提拔过你，跟随过你，有人为你服务，所有的一切你都要去感恩和赞美。

其次，对人生中正在接收的一切感恩。

每天晨起，你可以感谢你的身体，感谢你的呼吸和心跳，感谢山川、大地、空气，感谢交通工具，感谢为你服务、给你帮助的人们，无论他们是出于有意还是无意，无论是他们的职责所在还是自发的热情，都可以去感恩。

最后，你可以对未来想要的事物进行感恩。

比如你想要一段完美的感情，想要财富和地位，在它们还没有到来的时候，你就可以去感恩了。

当你在感恩和赞美的时候，意味着你已经拥有的足够多了，这本身就是一种丰盛的状态。通过感恩，你可以让自己锚定在那种丰盛的状态里，这样你就会吸引更多来强化这种状态。

所以你可以通过感恩和赞美，让自己处于丰盛的状态。

第二，相信。

你要相信宇宙充满奇迹，相信你是吸引的磁铁，相信你是创造生活的主人。

要做到如此相信，就需要你每天用正面宣言来告诉自己。

第三，爱自己。

每天自我欣赏和赞美，爱自己的你，整个人散发出来的都是吸引的能量。因为你是如此爱自己，所以你值得那些最好的东西来到你的身边。

相反，如果你不够爱自己，哪怕有一些东西来了也会离开你。

第四，给予。

给予别人爱和笑容，给予别人帮助和支持，给予别人金钱和物资，给予别人包容和赞美，甚至我们把自己的快乐分享给别人也是一种给予。

给予是因为我们觉得自己已经足够，拥有的足够多，所以才可以给予，给予本身就是一种强烈的吸引。

通过以上四个关键步骤，我们进入一种崭新高度的视角，形成一个新的容器。所谓容器，就是如果我们想要去装很多金钱与财富等好东西，那我们就需要更大的格局、更大的能量场。

如果你德不配位，内心充满嫉妒和恐惧，吝啬给出资源，就像容器太小，哪怕你吸引来了很多东西，你也装不下，所吸引来的资源、关系、健康、事业也只会失去。

我们通过日复一日的练习，让自己进入更大的能量场，形成一个对这些美好资源的更大容器。

不要小看这些重复练习，常言道"熟能生巧"，其可以让我们的神经记忆强化在某种状态，让我们无条件地相信我们可以并且正在改变自己的命运。

这本书蕴含了大量的理论、实践、案例和功课，有利于我们接下来的长效实修。

第一部分，制订长效实修计划，很简单，按照刚才讲的步骤，每天进行感恩和赞美，同时把感恩和赞美记录下来。

第二部分，我们需要有每天的正面宣言，并把正面宣言记录下来。

第三部分，我们需要每天自我欣赏和赞美，也就是爱自己。

做完这些，每天可以记录一下昨天的情绪能量，就是可以把 0 分或者 –100 分当作最低，100 分当作最高，给自己打分评估，做一个每日监测。

第四部分，每天做分享，分享你的感恩和赞美。

分享本身就是自我能量的一种展示，是一种践行的督促和提醒。

切记不要以炫耀、标榜的心态，而是以一种给予的心态去做。你身边的每一个人，或者你认识的每一个人，内心都希望被正向的力量所引导，所以那个引领别人的人为什么不能是你？而且当你这样做的时候，你的能量会比别人更高。

你可以在你的微博里、微信朋友圈里、微信群里去分享，让你自己感觉时刻活在一种富足的精神状态里。

给大家举一个例子，就明白了。

比如说："今天×月×日，我感恩花朵的芬芳，我感恩宇宙精密地运转，我感恩小区的保安，日复一日地在这里做着看似不起眼的工作，感谢他们的存在。"

第一句话，你就已经做完了感恩的功课，当然你是发自肺腑地去做这个功课的。

第二句话，你要做的是正面宣言，就是"我决定让自己每天更加快乐和放松，我允许自己享受生活的每一刻"。

第三句话是关于爱自己，欣赏自己的。你可以说"我爱我自己，我允许我自己每天活在感恩和快乐的能量里，我为我自己的勤奋，我为我自己的变化感到骄傲"。

第四句话，你可以去记录你的情绪能量，比如说"我昨天的情绪能量打分是85分，加油"。

你可以把刚才讲的这些话分享在你想要分享的地方。

这门功课每天包含的内容就是写这些感恩、正面宣言、赞美，记录自己的情绪能量，然后做分享，连续做90天就可以了。

我再举个例子，比如：

"今天是×月×日，我感恩我所吸引的目标今天实现了，我碰到一个很好的人，今天出门的时候孩子给我的拥抱让我觉得非常感恩。我感恩我的家庭，感谢你们给我的爱。

"我决定让我的每天更加快乐，我决定让我自己生活在富足里面，我允许我的每一刻都充满吸引。

"我看见我自己的变化，我为我自己的变化感到开心、骄傲。

"我昨天的情绪能量打分是 90 分，加油。"

然后你可以把自己这一天的功课分享在朋友圈，分享在好友群里。

这样做等于你对外宣布你今天是处于一种赞美的、爱自己的、富足的状态。当你对外宣布了以后，你其实会让你自己做到。

分享还有一个益处，就是当你分享出去的时候，因为你已经公开了这种状态，所以它无形当中会督促你去做到。同时周围人对你的观察，也会让你更小心地留意自己的状态。久而久之，你就会持续保持在饱满丰盛的人生状态里。

终极释放：臣服和自我执着的消融

我们需要每天都使用吸引力法则吗？

我们需要对所有的目标都使用吸引力法则吗？

我们需要定很多目标吗？

我们需要每天不停地做练习吗？

我们的人生需要去控制那么多细节吗？

我们为什么有那么多的目标和欲望？为什么只有当这些目标和欲望实现了，我们才会快乐？为什么目标实现以后的快乐是如此短暂，我们又生出了其他的欲望？

你有没有想过，如果我们单纯地使用吸引力法则，因为我们的小我永远匮乏，欲望就会增长，会加剧内在的执着。虽然使用释放法，但它仍然会变得越来越紧张，越来越焦虑，越来越贪婪。

那对一个人自我的成长，内在外在目标的达成而言，最终的路径是什么呢？

最终的路径就是达到内在的、自我的合一，执着的降低或消融。

人所有痛苦的核心来源，都是我们有一个坚实的自我感——自我的执着，在有的理论里面被叫作"末那识"。它是一种二元的分别感，把这个世界区分为外境和自我。

这个自我形成了，就有两种动力，一种动力就是想要更多的动力，想把什么东西拉进来，想让自我变得更强大；另外一种动力就是想把什么东西推出去，即排斥的动力。这两种力量导致我们的内在一直源源不断地产生贪和嗔的动力，从而衍生出一系列的烦恼和痛苦。

如果我们对自己的目标主要是外在性的，我们不断地通过方法、技术吸引，想要去增加外在所拥有的一切，那么的确会获得。但是这会带来副作用，也就是我们的执着心越来越强了，并且我们距离快乐会越来越远，痛苦会增加。

因此在自我的执着没有得到消减的情况下，吸引力法则仍然是一种术，一种技巧，而不会是一个道。虽然它可以让我们获得一些益处，但不应该成为我们人生的全部。吸引力法则不应该成为我们人生内在的自我抓取的另一个工具。

我们需要知道，我们的确在这个人世间想要获得很多美好的东西，物质的、关系的、财富的，这都没有错。但是我们还有另外一条路，就是走向自我内在之旅的道路，这条路是减法之路，这条路是臣服之路，这条路是放下执着之路、自我消融之路。

我们人生的主要方向是向内探索的同时，也可以很开心、喜悦地享受外在所拥有的一切。有的时候我们得到一些东西，有的时候我们失去一些，但是我们认为得失、成败、生死都是人生要经历的，就如同海面翻涌的浪花，永远不会停息。

我们没有办法完全控制浪花的起落，我们只是用一个大大的空间抱持着它，我们觉得这都是生命中会发生的、所拥有的，世界是变化的、无常的。我们要放下对无常的恐惧和控制之心，进入一种更大的放松和接纳中。

因此我们可以运用吸引力法则，同时要清楚我们人生下半场的主要目标不是外在的，而是内在的，其中有五大功课需要我们去探索和完成。

1. 清理自己的内在限制和创伤。

我们要明白，我们主要的精力是提升自己，升级自我，所以我们要通过吸引力法则去看见当我们设定目标的时候，我们内心的恐惧、焦虑、匮乏。我们去清理它、转化它，借由这条道路，我们的内在会变得更加强大。

2. 打开自己相信的力量。

通过吸引力法则，我们开始学习了解并学会相信精神意识是有力量的，从而我们打开了自己内在更大的心灵空间。

3. 把所谓痛苦和烦恼转为道用。

当我们被痛苦抓住，认同为实有，进入迷茫状态时，我们就完全陷入了思想、情感、感觉的客体中，忘记了主体。

我们所有的感觉——视觉、听觉、味觉、嗅觉，以及触觉，还有我们的情感和想法——都将我们拖入其中。当意识深陷其中时，它也就浑然忘我了。它将自己看成正在体验的客体，认为自己就是这些体验的总和。

这个时候，我们需要知道：凡是生灭的，都不是自我的本质。

将痛苦转为道用可以按以下六个步骤进行操作：

（1）我感受到……的痛苦，这是业的累积和展现。

（2）我感谢我的痛苦，这是我升级的资源。

（3）当我看见我的痛苦，我就不是痛苦本身。

（4）我敞开我的心灵。

（5）我允许我自己所有的抓取、恐惧、焦虑、愤怒、委屈，得以通过。

（6）我进入光明，共振于更大的爱和力量。

4. 消减和消融自我的执着。

《臣服实验》的作者迈克·A.辛格曾经说过：

"如果生命以某种方式呈现，而我抗拒的唯一理由是个人喜好，我就放开自己的好恶，让生命做主……如果生命将各种事件带到我面前，我会当作它们是要来带我超脱'自我'；假如我的'个人自我'开始抱怨，我会利用每个机会放手让他离开，臣服于生命呈现给我的事物。"

表面上看是在修臣服，从更深的层面看，这是在修他潜意识的无明。情绪是小我的，生命的安排是高我的、大我的。臣服中没有糟糕的体验："我清楚看见，正因为我往内臣服于自己走的每一步路，所以心灵没有留下任何伤疤。这就像在水上写字一样，所有的印象只停留在事件发生的当下。"

所谓"臣服"，不是消极的态度，不是懦弱和委曲求全。书中指出，臣服，是放开个人的好恶，让生命做主。"真正的臣服是勇敢地放开自我，全然拥抱当下的变化，然后，我们会看见生命所安排好的、种种超乎意料的惊喜。"

对引起你自我内在不舒服、愤怒、恐惧、焦虑、傲慢、嫉妒的一切说：

（1）我同意你们有你们自己的位置。

（2）我同意你们有你们自己的可能性。

（3）我同意无常的存在。

（4）我接受。

（5）感恩你们让我看见和觉察自己。

（6）感谢我现在所拥有的一切。

5. 在所有的环境中感觉到完美，并达到一种不需要外在目标就能体验到内在喜悦的状态。

一个奇怪的逻辑是：当你愿意臣服人生中所有的一切时，你就不需要设立什么目标了，因为你已经达成了所有的愿望，随心所欲不逾矩。

所以我们需要对命运的无常，对各种可能说"是"，我们接纳并臣服。我们需要对苦的存在说"是"，苦乐无常，我们看见苦的本质是自我心的扰动并放下它。我们对自我的得失、抗争、习性说"是的"，我们看见我们内在的代码并不执着和抓取它。我们对关系、对他人和环境，对贪婪和讨厌的一切说"是的"，我们看见并回归到心的本质，那个没有评判分别最初的源头本质。

我们对所有的这一切说"是的"。我看见心的渴求和抓取，我敞开我的心灵，我允许自己所有的抓取、恐惧、焦虑、愤怒、委屈，得以通过和释放，我进入光明，共振于更大的爱和力量。

活着的意义在于体验你正在经历的那个时刻，再体验下一个时刻，接着是再下一个时刻。各种各样的体验会进入并通过你……看见，接纳，释放每一个体验。去留无意，踏雪无痕。

如果你在人生的每一次体验中都能这样充分投入，让你的体验深深地触动你的存在，那么人生的每一刻都将是一次激发你、感动你的体验。因为你会完全放开自己，生命将畅通无阻地在你身上流淌。

迈克·A. 辛格说："当你结束与短暂和有限的纠缠之后，就会敞开心灵迎接永恒与无限。接着，'幸福'这个词就能描述你的状态。'极乐''狂喜''解放''涅槃'，以及'自由'等词语将涌现出来。快乐变得势不可挡，从你的内心里满溢出来。"

（1）因此真正的道是内在的解脱导致的外在的无为。

（2）真正的道是当你看见痛苦、匮乏的时候，知道这是小我的程序，看见并不跟随它。

（3）真正的道是在天人合一的状态中产生的没有欲望的欲望，无条件的幸福是最高级的幸福。

写到这里，我也非常感谢能有缘在这里和大家一起学习，一起成长，一起收获，一起吸引，一起走向人生的丰盛和富足。

生命可以不平凡，生命本该不平凡，一旦我们揭开这个秘密，我们的生命都将会不同凡响，属于我们自己的人生，一直在等待我们去发现。

现在就对宇宙呐喊吧！

生活是多么轻松，生命是多么美好，所有美好的事物都向我们奔涌而来！

　　我们本来就该得到生命中一切美好的事物，那是我们天生的权利，我们就是自己的创造者。

　　从现在开始，让我们一起进入充满魔力的精彩人生吧！

附 关于吸引力法则的若干重要答疑

问题一：我在自己的原生家庭里承担了比较多的责任，家里人容易依赖我，特别是在父亲生病到最后离开我们期间，我常常有小马拉大车的心力交瘁的感觉。现在学习吸引力法则，期待改善自己的状态，期待拥有幸福美好的家庭，有时候劲头满满，有时候也有一种只有自己一个人在努力的无力感，这该怎么办？

解答：还是应该先把目标设定为"增加自己的力量感"。你有一个愿望，就是想要通过你自身的力量去改变一个很大的东西，这个东西有可能是你家庭所有人的幸福、快乐、现状、命运等等。你倾向于承担一些本不属于你的更大的责任、重担，所以会感觉非常累。

我们需要看见的是什么？是我们的父母，他们有自己的命运。生老病死是每一个人逃不掉的命运，每个人无论愿不愿意都只能自己去承担，所以我们需要允许我们所爱的人受苦，我们需要看见，我们没有办法让他们避免受苦，因为人生就是这样。如果你自己去设定吸引力法则，然后觉得很焦虑，那是因为你太想掌控了。你很想掌控这个结果的时候，内在的匮乏感就会产生。

当我们做吸引力法则的时候，的确是想让一种结果发生，但是当你太执着于这个结果的时候，你反而会有种无力感，因为你必须让一件事情发生，如果不发生，你就会觉得受挫，觉得失败。其实无论发生了什么，你都是需要去感激和感恩的，只有这样做，你才会发现那些意想不到的奇迹发生在你的身边。

问题二：这么多年都是我给丈夫买衣服，他不要，我就硬给他买，他倒也能穿上，穿上也很开心。但这次我给他买衣服，他还是不要，他说："就算你开车带我来又怎样，我就是不下车，偏不买，看你能怎样！"本来我是带着喜悦的心情带他买新衣服，结果他每次都制造愤怒和抗拒。我越想让他好，他就越抗拒，还说："你只是为了满足自己的虚荣心，我就不能做自己吗？"我十分痛苦，这么多年就这样纠结、拉扯，我该如何改变？

解答：你和你的丈夫其实是非常匹配的两个人，一个是硬不想改变，一个是硬要让对方改变，其实是一样的，是一枚硬币的正反面而已。

所以你应该去看你的丈夫，看他到底出于什么原因这么执着。有可能是出于匮乏，觉得家里没有钱；也有可能觉得是你想让他改变，所以他不想改变。看到这些后，你需要允许他穿破烂点的衣服，告诉他"没有关系，如果你喜欢这样，那你就做你自己喜欢做的事好了"。你如果想给他买新衣服，你可以询问他要不要买，他不愿意买那就算了。

再一个，你要看你自己，为什么那么急切地想要去改变他，想要给他买新衣服？有可能是你觉得他穿得很破烂，别人会嘲笑你，你迫于这样的压力；或者是你真的想要把一些好的东西给他；或者你想要证明自己更加优越、更加灵性、更加智慧等等。

在这个关系里面，你首先要做的并不是去改变这种能量。那个人来到你的身边成为你的伴侣，并不是用来给你改变的，他是让你来修的，他反复地在提醒你，你执着的地方在哪里？你应该感谢他让你看见这些，你可以在内心说：现在我要修的是允许，我要修的是宽容，我要修的是放下别人对我的评价。这些是你需要去经历的。

问题三：我想问的是，保险的理念是否符合吸引力法则，比如我们购买重大疾病保险，是不是会吸引来不好的事物呢？

解答：这要看你自己当时的心理和发心。有的人很担心自己生病，担心自己患了重病、绝症，一定要去买个重大疾病保险。这种情况，每天想的都是生病，那当然会吸引一些不好的事情来。但有的时候，你只是存着一种侥幸的心理，你觉得自己不会有问题，万一有什么问题，还可以买个意外险用用。这只是一个备用的心态，买了就放在那里，不会时时刻刻想起，更不是觉得自己必然会出事，这种情况就不会吸引到不好的事情。

所以会不会吸引不好的事物，跟你的心态有关系。比如说你出国旅游会买一些境外旅游的保险，并不是你相信出去以后肯定会遇到坏事情，而是说你相信你不会遇到什么坏事情，万一有什么事情，这个就可以用一下。你相信 99.99% 的概率是用不到它的，只是你愿意为这 0.01% 的概率去买单，仅此而已。

问题四：向宇宙下订单时，如果涉及的是他人，可不可以从自己的角度予以助力？比如说，观想接到电话说孩子被录取，很开心，看到孩子去心仪的学校报到，等等。还有就是关于金钱的观想，如何避免不幸的事情发生？比如有人想获得一笔钱，结果钱来了，但是是亲人去世的赔偿金，或者是出了车祸这种不好的事换来的。

解答：如果是涉及他人的，你可以从自己的角度去助力。就像你说的，你观想自己接到电话说孩子被录取了，你很开心，这是可以去帮助孩子的。

另外关于金钱的观想，如何避免那些不好的结果发生。当你去设立这个目标的时候，你自己是轻松愉悦的还是紧张匮乏的？你是随顺的、放手的，还是那种控制的、紧缩的？关键就在于你在做这个练习的时候的发心和状态。如果你很强烈地想要去抓取一笔钱，不惜一切代价想让它发生，那么有可能会付出代价。但是如果你是带着喜悦，带着轻松、感恩、双赢的发心去做的，那么出现的就是好的事情。

所以你要去看，当亲人去世了或者出了车祸获得了钱，这背后是什么？这背后就是强烈地需要这个东西的一种匮乏感，所以让你失去一些东西。相反，你是带着富足的、给予的、分享的发心去做吸引，那么发生的也是让你体会到富足、给予和分享这种好的感觉的事情，这就是关键的地方。

问题五：我想收获良好的亲子关系，希望孩子小学毕业时考出理想的成绩。对于孩子学习的事，作为父母，我们也会给他鼓励和支持，提供好的环境。可是孩子一副无所谓的样子，学习成绩忽上忽下，还找各种借口搪塞。老师经常向我告状，说他学习态度不端正，家庭作业马马虎虎应付，上课不认真。我忧心忡忡。其实很多时候我管不了，以至于亲子关系比较紧张，有时因为管他，我们还会发生冲突。慢慢地，孩子形成了不好的学习习惯和生活习惯，请问该如何观想改变自己，收获良好的亲子关系？

解答：在亲子关系里面，教育的问题很重要，你不能只用吸引力法则，你还需要学习很多有关亲子关系的教育理论、知识，这些是无可替代的，就跟你不能光靠臆想不行动一样。吸引力法则不是天上掉馅饼，该做的事你不能偷懒不去做。你只学了一个吸引力法则，就想要用在所有的细节上，这样会很吃力。孩子之所以会有这些问题，是因为最开始的培养方式不对，最初你可能不知道怎样去带孩子，怎样教育孩子，怎么给他立规矩，怎么跟他互动，以至于他变成了现在的样子。你当然可以用吸引力法则，去想象自己变得非常有智慧，变得非常有能量，孩子愿意跟随你，听你的话，这是你需要去做的心理目标建设，同时你也要去学一些亲子教育的基本原理和应用，一样也不能少。

问题六：冥想时，我看见自己迅速长大，自由快乐，轻轻松松接近天空，这时传来一个声音："你要捅破天吗？"吓得我不敢再想。想想每次成功唾手可得时我就会退缩、放弃，请问：这是潜意识的声音吗？它要告诉我什么？

解答：你在冥想的时候，发现了自己的一个反复出现的模式，就是看上去你想要成长，想要成功，想要去宣言说你可以做到，可以创造奇迹，但这个时候会跳出一个更强大的声音："你要捅破天吗？"其实就是"你这个傻子，别做白日梦了"的意思。

那个权威的、压制的声音是从哪里来的？有可能是来自很多年前你的父亲、母亲或者某一个重要的人。这个时候你首先应该明白，你的身体潜意识里有一个程序，就是每当你快要成功的时候，每当你可以宣言的时候，这个程序就会出来压制你。但是你现在要明白，这只是一个自动的机制而已，你需要解除它。解除的方法很简单——三重欢迎释放法。你去看见它，看见这种每当你想要成功的时候产生的这个阻抗——"你要捅破天吗？"当你想到这个斥责、责骂的时候，放松你的情绪、感受，然后去欢迎它，释放它。

你要考虑的不是这个声音告诉你什么，而是你要发现原来自己一直陷在这个牢笼里，现在你要爬出来，去改写自己的这些信息。你如果不改写，不去做功课，不反复在自己身上用功，不进行大量的练习，你的命运是不会改的，你用吸引力法则也吸引不来什么好东西。

问题七：小时候，我母亲就说，锅盖揭得早了，就把气放跑了。让我们想做什么就默默努力，不要把目标告诉别人。后来我想，也许这样做是避免他人不同的意见扰乱我们的心智，避免他人的嫉妒和恶意。万一没达成，也不会被别人取笑。老师您在课程中说，让我们把视觉书的正面宣传发在朋友圈里，这是为了寻求别人的祝福祈祷加持吗？当我公开给自己的朋友看时，他们一定会很吃惊，请问老师如何调整这样的状态？

解答：这个问题问得挺好。首先我们要知道为什么去做朋友圈的分享，我们是寻求别人的加持吗？我们为什么要寻求别人的加持？我们根本不需要别人的加持，我们也不需要别人的认同，我们更不需要别人的祈祷和祝福。如果有人给我们点赞，给我们评论一些好的话，我们当然也会开心的，但是我们这么做的出发点并不是为了这些。我们为什么要发到朋友圈里？是因为我们觉得自己有资格去做这些，这是我们对自己的一种宣称。比如说，"我相信我可以做到，我是有资格的"，"我爱钱，钱也爱我"。但是当你去做这个分享的时候，你会发现你自己潜意识的限制。一方面，你觉得其实你不是这么想的，钱不会爱你的，所以你发朋友圈的时候，心里面有那种愧疚感，或者觉得不好意思；另一方面，你觉得你做不到，所以同学、朋友会非议、鄙视你。

让你们发朋友圈公开，就是让你们看见自己内在所隐藏的这些限制。有几个方法。第一个，你去发朋友圈，然后看见这些限制同时去清理。比如说你觉得自己好像做不到，很担心，你可以用三重欢迎释放法或者圣多纳释放法去做清理。第二个，你的朋友圈有公司的人，有朋友，有未曾谋面的网友，我建议你把不同的人区分开。因为我们其实没有精力去说服、教导别人。有的人难以理解这些事情，他会觉得你上心理学和心灵成长的课好奇怪。面对这些人，你又不想要去解释太多的话，你可以去分组，你不一定要给这些人看，徒增烦恼，这个时候你只需要去给一部分人看就可以了。

问题八： 我好像总是会被骗。我介绍朋友做传统生意，说好成功以后给我介绍费，可事成了以后，他们不给我。朋友介绍我做直销，我生病一年，没有经常到会，结果朋友背着我把我的市场转到他名下。单位规定 8 点半前到岗有奖励，结果承诺的奖金不发了。老宅拆迁，说好了给一套房子也不了了之。难道我吸引骗子了吗？

解答：你的确是吸引骗子了，你的所有经历都已经证明了。你要去看看你为什么会吸引上当受骗，吸引被别人背叛，有可能是你的力量不足，力量很弱的人就容易遭到别人欺负。

你需要去做增强资格感的练习，你还需要去看看你是不是跟金钱之间有过一些故事，产生过内疚和负罪感，因而导致你现在经常会失去金钱。还有就是，你需要去看看你的潜意识里是怎么看待成功的，可能你觉得成功很难，心有余而力不足，也可能你觉得成功会付出不好的代价，这些观念都会限制你。你上当受骗了那么久，如果搞不清楚自己内在的信念是什么，就没有办法很快地去做清理。

很多时候你在做某件事情之前，可能你内心已经隐隐约约感觉这件事情会出问题，你可能有一种会上当受骗的直觉，你的潜意识是知道的，只是你忽略了，或者说你愿意去做那个事情。那么怎样破解这个问题呢？我们需要去练习清理法。循序渐进地练，慢慢地你就会发现，你不再有吸引受骗的特质了，或者说，事情开始之前你可以敏锐地察觉，而不是盲目地跟从。

问题九：我常常感到生命能量受限制，无论是父母还是丈夫，他们总喜欢替我做决定，以保护我的名义。如果我想要干什么，他们就会提出各种意见，让我感觉很不自由。我想知道这个要怎样清理和释放，当我感觉到对方在抵消我的能量时，我能做什么？

解答：我只能说，其实你的能量还没有生长出来，你的父母和丈夫替你做决定，但是你始终没有办法去抗拒他们，主要是这个原因。

你要学的是拒绝。父母永远会给你提各种各样你不想要的建议，哪怕你已经足够成功。即使成为世界首富，回到家里父母肯定还是会千叮咛万嘱咐。所以关键在你自己，你要有足够的力量去拒绝。他们提了个建议，你可以说："这是你的想法，我知道了，但是我不会做这个决定，谢谢。"你要很平和、很坚定地去拒绝他们，你需要培养这个力量。这个力量本该是在少年儿童时期培养的，但是你在那个时候没有抗拒，没有反对，你甚至都没有过叛逆期。所以你要做的不是清理，不是释放，而是先像一个叛逆的孩童一样，学会拒绝，明确界限，知道什么是你的，什么是他的。

问题十：我父母在我很小的时候经常吵架，我也经常挨打。现在我的孩子已经 7 岁了，他一犯错我就打他，打在他身上，我也很痛苦，我想要从原生家庭中走出来自我成长。可是每次下定了决心，事情来了还是控制不住。我下了我要家庭幸福、母子和睦的订单，可观想总觉得胸闷，我观想不出来我儿子没做好我还能愉快地欣赏他。今天中午，又因为他昨天刚跟我保证不买零食，放学后又买了零食而且不吃饭，我就打了他。我真的好痛苦，我觉得自己是一个不合格的母亲，请帮帮我。

解答：你要做的第一门功课，是去接受你的父母。第二门功课是去交还父母的能量。

你还没有从他们的影子里面解脱，你现在还没有活在自己的能量里，你只是你父母的翻版而已。你的行为、你的意识、你的情绪，全是翻版。这个时候你也吸引不到什么，即便吸引过来了，也是跟你父母同样的命运而已。

最简单的方法，你去找个系统排列的工作坊上一上，然后做这种个案，也可以找关于原生家庭的课程学一学。当那些清理掉了以后，你再去做吸引力法则，才会更加灵验。

问题十一：我从 10 年前得抑郁症开始疗愈童年，从与父母的关系中发现自己一直想讨好父母，并且有深深的自责感，不知不觉中吸引来的伴侣也是如此。我想问，怎样与自己和解并释放这些吸引呢？

解答：你需要做几个功课。第一个，就是去完成接受父母的这门功课，接受父母，接受生命的礼物，去和他们联结。第二个，因为你现在已经成年了，成年人其实是不需要父母的，不需要父母的意思是无论从经济上、生活上、情感上，你都已经可以独立了。你可以看见，之前你讨好父母，是因为他们年纪比较大，需要他们对你的认可、评价，但是现在你已经有足够的力量了，可以照顾自己了，所以你要去补的功课就是向他们说不，要有距离感，增强自己的力量。

问题十二：我总是不自觉地为别人付出，到头来却得不到回报，心里难免有怨恨。这种情绪让我很痛苦，我知道这样对自己不利，请问老师我该怎么去清理？

解答：这个主要是你自己去看，你为什么想要为别人付出，你并不只是要付出，你是需要回报的，其实你只是想要一种交换而已。当你没有收到回报的时候，心里就会有怨恨和指责，所以你并不是无私助人，你只是为了满足你心里那个需要认同的渴望而已。

你对别人的认同那么渴望，是因为你不认同自己，不爱自己，你认为自己不够好，很糟糕。如果别人能够欣赏你、赞美你，能够说"你真棒，你好有爱心，你帮助我很多"，你就会很开心。

所以你需要明白这个源头，你不需要去清理这个怨恨，你需要做的是爱自己的功课。

问题十三：我觉得自己没有资格感，有深深的不配得感。在重建资格感中，您提到要接受父母，但我很难接受我的父母。我从小在打骂中长大，父母经常在别人面前贬低我，在我的印象中母亲没有拥抱过我，现在她有些精神疾病，每天需要吃药，我如何跟这样的母亲联结？

解答：接受父母不是说，他们变好了，你才接受他们，而是说无论他们怎样，他们都有理由成为现在的样子。无论你是有一个有精神疾病的妈妈，还是有一个没有爱、很冷漠的妈妈，或者是有一对有负面情绪、打骂孩子的父母，你都不需要去改变他们，你应该同意他们是现在这个样子，这个才叫接受父母。

我们需要看到一个更重要的事实，那就是父母并不是我们生命的创造者，他们只是我们生命的传承者。有一对这样的父母，只是孩子命运当中的一部分。所以你要明白，你不能选择父母，他们不会改变也不需要改变，如果改变了，那也不会有你。有这样的父母是你的命运，你可以用你的心去爱他们、接受他们。你可以闭上眼睛，想象你看见你的父亲、母亲，然后和他们说："亲爱的爸爸妈妈，我接受你们现在的样子，你们之所以成为这样，是有原因的，我接受。你们永远是我的父母，我永远是你们的孩子。"你需要在你的内在多做这样的联结。

问题十四：对于金钱，我的脑海中总是浮现爷爷笑眯眯的样子，好像听到他说"小富即安就好"，我感觉自己深深地受这个观念的影响。我用不配得冥想处理效果不明显，请问我该怎样处理呢？

解答：你用三重欢迎释放法就可以了。你对于金钱已经有一个观点，有一个图像，有一种感觉，有一种信念，所以你用三重欢迎去释放它们，用圣多纳释放法去释放它们就行。同时你可以告诉自己，我愿意相信新的信念，那就是"我值得拥有足够多的金钱"。你可以多做"我值得最好的一切"的冥想来帮助自己。其实每个人都是一个编码的程序而已，在你童年时爷爷的一句话深刻地写进了你的潜意识，然后这个程序就起作用了。你的模式一直在运转，因为你相信它。你可以把这个信念当成虚幻，也可以把它当成真实，没有任何差别。所以，你与其去相信小富即安，不如相信说"我值得拥有足够多的、无限的金钱"，难道不是更好吗？

问题十五：我是个非常胆小的人，非常害怕表现自己，害怕在公众面前演讲发言，害怕自己的表现引起别人的注意，一直想改，却无能为力。我想问，我能用吸引力法则改变我的性格缺点吗？

解答：你的这个问题隐藏了很多需要去处理的东西，比如说你的潜意识里面害怕别人的评价，觉得自己没有力量，觉得自己不够好，觉得别人会笑话你，所以你想要自我保护，同时你在某一方面也很讨厌自己。

你只通过吸引力法则是很难改变的，你可以通过吸引力法则去做观想，去做正面宣言，去处理自己的不配得感，用释放法去释放你每次觉得别人会笑话你的那些念头，然后用爱自己的方法去帮助自己增强自信。当你真正要上台发言的时候，你可以用吸引力法则进一步帮助自己，去观想到你表现得很好。当你在台上感觉害怕的时候，用那些辅助的方法帮助你清理掉恐惧，然后你不停地去积累自信，不停地积累对自己的赞美跟欣赏。

问题十六： 我几乎复制了原生家庭中母亲的生活，我老公常年在外地，我独自抚养女儿，批评孩子时犹如火山爆发，把对老公的不满发泄到女儿身上。女儿今年高三，有时候感觉她很悲观，请教老师怎样帮助孩子建立"妈妈爱我，我值得被爱，我值得被所有的人爱"的资格感，谢谢。

解答： 以你现在这个情况，你没有办法帮她建立这些东西。因为你的行为都是"妈妈不爱我，我不值得被爱，我是世界上最差的，我每天被批评"，所以怎么可能帮她建立资格感。不可能每天让女儿对着镜子说"我值得被爱，我妈妈最爱我"，然后她一回来，你就劈头盖脸地痛骂她，鄙视她，她还能建立资格感，那是不可能的。

你可以闭上眼睛，想象你看见你的女儿，你对女儿说："女儿，我对你的很多不满其实不应该由你来承担，而应由我的老公来承担。"想象你把这些不满从她的身上收回来，然后交还到你老公身上去。你们夫妻之间的事情必须你们两个自己解决，如果你有什么不满，你想要争吵，你也应该去跟你老公吵。你必须用实际行动告诉你女儿你很爱她才有用，不能只用仪式和语言欺骗她。

问题十七：我觉察到我丈夫内在有时候会有一种烦躁和愤怒，他有时候开车和别人并道，他会很愤怒地顶上去，会和骑车的老人争道。有一次划船搁浅，我建议他下水蹬一下，原本以为他会脱掉衣服慢慢下水，结果他突然跳下水，差点踩空，把兜里的手机泡了水，整个人湿透了，孩子和我都吓坏了。也许他的愤怒是传承自他的爸爸，而从吸引力的角度讲，我身边有这样的他怎么解释，我该怎么做呢？

解答：你丈夫的愤怒应该是传承于他家族里的某一个前辈，所以他的愤怒甚至带有很多自毁的力量，你可以去系统排列的课程做个案，去清理和交还。

从吸引力的角度来讲，你身边有这样的人，有可能你是想要有一个看上去很有力量的人，或者是在你的父母关系里面也有这样的成分，也就是说，你的爸爸有可能也是这样的。你的吸引并不是从意识里面完全地说你想要一个愤怒的丈夫，你只是看见了他的愤怒，你没有看见他还有很多其他的特质，有可能那些特质都是你曾经想要的，所以你把他吸引到了你的身边。你不可能吸引来一个人，然后发现他一个缺点，就断定说这个人不是你想要的，怎么会是你吸引来的？

你现在最简单的就是让他去学一下系统排列的知识，去做一些交还和归还。因为我们身上的很多情绪并不一定属于我们自己，可能是传承自父辈家庭成员的。

问题十八：我动笔写下来我认为的自己头脑里的观念，写下来吓了自己一跳。关于我是一个什么样的人，几乎都是负面的想法。我觉得自己不够好、自卑，都是来自给我负面能量的父母。

小时候爸爸说要把我送给别人，我记仇到现在。现在的问题是：第一，请问我是不是因为内心不够强大，所以别人说什么我都很在意，而不能坚定地做自己？第二，发现了这么多背后的负面信念，我情绪挺低落，要不断释放吗？第三，能不能给自己一个新的自我形象，把意识到的旧程序删除，给自己安装上新程序呢？谢谢！

解答：不是因为你的内心不够强大，所以别人说什么你都会在意，而是因为我们在幼年时，头脑的吸收是没有分辨力的。你想想，假设你 3 岁的时候，你父母跟你说"你这个小傻瓜"，你会不会辨别这是亲昵的爱称还是真的说你是个傻瓜？你会不会阻止他们乱说负能量的话？你不会，你都吸收进去了，你觉得你自己就是傻瓜。所以当你年纪很小的时候，别人说你真笨、真蠢，你同学把你推开说不要和你一起玩，你太讨厌，你长得太丑，大人说你长大了没出息，你都没有推开这些负面信念的能力，你会把它们通通吸收进来。因为这个时候你的自我还没有健全，给你什么你就吸收什么，别人对你的评价你也照单全收。这是一个最初期的编码过程，现在你发现了这么多，那就赶紧一个一个做释放、做清理，不断地促进心灵成长，它是需要时间的。

我自己的潜意识里也是一大堆负面的限制性信念，我清理了很久。有人说释放法好烦，怎么释放完了还有负面的信念，那是因为你的念头太多了，需要不断地去做清理。给自己一个新形象去重新编码，理论上是可以的，只是你不会做而已。这是我们在勇敢做自己的课里面设计的，就是跟旧的过去告别，建立新的自己，不是吸引力法则课的内容。你现在能做的，就是运用吸引力法则的功课，每天去赞美自己，用正面宣言去赞美自己，去宣称自己，用这些方式来帮助自己。一个课解决不了所有的问题，不要操之过急。

问题十九：我无法面对竞争，只要有竞争的场景出现，我就会表现失常，异常紧张，甚至提到"竞争"两个字我都会呼吸困难，胸口发闷，这种反应是本能的，没有经过思考就会出现。我不敢为自己发声，不敢挺直腰板为自己争取权益，怕得罪人受到伤害。当我鼓足勇气哆哆嗦嗦为自己说话的时候，脑子里立刻就会把后果想得很严重，甚至觉得我的世界就要完蛋了，没人愿意再跟我合作。我现在逐步尝试走出自己的舒适区，尝试为自己发声，经常感觉不好，有时候甚至感觉非常不好，希望老师分享给我一些想法。谢谢！

解答：这个其实很容易处理。有一种疗法叫作 SAT 疗法（一种心理咨询与治疗方法），就是让你去观想，去看一些图片，当你去看这些图片的时候，就可以处理你的这些旧的情绪。你可以找一个老师给你做一个 SAT 的治疗咨询，大概一个小时就能处理很多问题。你现在的这种状况就是这种神经的记忆状态，这种反应本身就是一种旧的编码模式，一种旧的习性，只需要去解除它就可以。

问题二十：我丈夫释放很多负能量，平常看电视都会生气骂人，工作生活一遇到不如意就唉声叹气，觉得人活得没意思，我很害怕孩子受到他的干扰。请问我应该如何减少他的负能量的影响？

解答：你可以经常表达一些放松的、开心的、幽默的、正能量的话，同时你也不需要去否定他。不要他一表达负能量，你赶紧就去讲一句相反的。比如说，他抱怨说社会上坏人真多，你赶紧说社会上其实好人也很多，那样他会觉得你在跟他作对，他有可能会更加负能量。当他去表达这些负面评价的时候，你只需要忽略就可以。因为你知道这只是他自己的一种潜意识，他自己的信念、情绪跟你没有关系，那代表了他背后的原生家庭。

相反，你要让自己成为家庭里面情绪能量的主导者，你需要更加放松、快乐，这样的话，你的家人、孩子就会跟随你这个能量最强的人（能量最强并不是指情绪最强）。你可以跟你的孩子说，每个人都有自己的情绪，我们需要去控制自己的情绪，一旦发觉自己的负面情绪，不要跟随着自己的负能量、坏念头走，你的爸爸是这个样子，你并不一定需要跟他一样。

问题二十一：我一直想要找个对象，有时候我很认真地打扮自己，想要吸引一个好的对象。但有时候朋友问我需不需要介绍，我又不好意思，觉得可能还不到时候，不知道为什么。

解答：因为你觉得自己不够好，你并没有那么喜欢自己，对自己没有信心，所以别人给你介绍对象，你会觉得不好意思，一直在犹豫。你又想要把自己推出去，又觉得这个时候的自己还是比较匮乏的，有可能受到比较负面的对待，建议你去学习吸引亲密关系的课程，让自己的内在充满吸引力。

你做的第一步就是必须爱上自己，当你越来越喜欢自己的时候，你身上就会发出那种磁力和吸引力，那种魅力自然会把别人吸引过来，而且会吸引到很优质的人。很多人用吸引力法则，总想像个磁铁一样去把别人吸过来，不管自己有多糟糕。自己都讨厌自己，却想去吸引一个不错的人过来，这是不可能的，也是错误的流程。

问题二十二：我发现我没有办法真心地欢迎和释放，我可以看到自己的负面念头和面对负面念头的情绪，但是我在欢迎的时候好像无法做到真心地欢迎它们，这些负面的情绪，我用什么理由去说服自己欢迎它们呢？我知道它们只是一种能量，应该被平等地对待，但这种理由好像说服不了我。

解答：这个问题问得挺好，我们的确需要内在有个理由去释放那些我们一点都不欢迎的东西。最简单的理由就是，当我们看见愤怒、嫉妒、贪婪、悔恨、匮乏、不甘这些负面的情绪在我们身上运作时，我们会发现我们从这些上面获得的经验让我们更加强大。所以，你可以去感谢的是由它们带来的你的洞见和收获，这样就有个理由去欢迎它们了。同时只有你真正地欢迎，你才能真正地释放它们。